一个人的幸福食光

（日）岩崎启子 著

游韵馨 译

青岛出版社
QINGDAO PUBLISHING HOUSE

前 言

不是四人份，也不是两人份，在这本食谱中，完整介绍做法简单又美味的一人份料理。

结束一整天的工作，伴随着夕阳走进车站时，不妨这么想："我要回家轻松地一个人开伙，度过属于自己的时光，好好放松！"衷心希望这本书能让所有一个人吃饭的人开心做菜！

这本食谱完全颠覆"一个人开伙一定会浪费食材，做法繁复，全部吃完又会发胖"的负面印象，介绍111道你绝对会想做做看，而且每天都想做的美味料理。

每道菜的材料和做法都十分简单，只要10分钟就能享用美味餐点，充足的分量绝对有饱腹感。在家就能做出全新口味与现在最流行的风味菜，充分体验料理乐趣。还有许多烹煮一人份料理的美味秘诀和创意做法收录其中。

好好做菜，摄取充足营养——实现"一个人的幸福食光"，才是所有独自过日子的人活出自我的"生活之道"。

"一个人开伙"
才享有的三大好处

1　　第一次在餐厅吃到的全新口味、料理达人才知其秘诀的传统风味，正因为是"一个人"，才能尽情尝试新奇的调味料和提味方法。

2　　在街头或旅行时发现喜欢的餐盘、刀叉、桌布……正因为是"一个人"，才能随意搭配出餐桌风景，配合当天的料理与心情，享受独有的食尚风格。

3　　还有那些心意相通的死党们。正因为是"一个人"，才能轻松制作 3~4 道美味小菜，随时在家举办热闹温馨的私密聚会！

contents

第2章　一个人开伙也可以很简单

第3章　一个人开伙也绝对不发胖

第4章　一个人开伙也能够很健康

本书使用方法

●使用直径 14~16cm 的汤锅、直径 20cm 的平底锅（调理用品亦请参照 P.94 column3 "适合一个人开伙的调理工具"）。

●原则上平底锅使用不粘锅较为便利。

●未特别说明的蔬菜，请依照一般清洗、去皮等步骤事先处理好。番茄、小番茄与茄子请先去蒂。菇类请先切掉蒂头或菇柄根部。

● 1 小匙 = 5ml、1 大匙 = 15ml、1 杯 = 200ml。唯一的例外是，米要使用电饭锅附赠的量杯（180ml）。

●做法中的火候如未特别说明，请以中火调理。

●微波炉的加热时间以 600W 功率的机种为基准，如家中为 500W，加热时间请乘上 1.2 倍；700W 则乘上 0.9 倍。此外，各品种的加热时间皆不同，请依实际状况调整。

●高汤使用以海带和鲣鱼片熬煮的日式高汤（市售品亦可）。汤底则是使用高汤粉或高汤块（西式高汤、清汤等市售品皆可）煮成的西式或中式高汤。

●套餐中的饭以一小碗，即 120g（202kcal）的分量来计算总热量。面包热量以正常的一人份（167kcal）来计算。面包热量会因种类与材料不同而改变，本书内容仅供参考，敬请见谅。白酒以 1 杯 110ml（80kcal）来计算。

近年来有越来越多人一个人住，或是家中成员相当少，而超市也开始贩售小包装商品。

即使如此，做菜时还是很难用完一整包食材。很多人都觉得"买现成的比自己做划算，又不浪费食材"，因此经常购买熟食。不过，自己花心思做的料理，绝对可以比买来的熟食更美味，而且天天做也吃不腻。

本书介绍的食谱利用变换调味与料理方式而呈现出不同风味，使用的都是可以分两三次用完小包装的盒装或袋装食材。

此外，也将介绍利用少量保存让后续调理更轻松的食材保存法，先将食材按每次用量分好，即使用到第二次、第三次依旧美味。运用巧思，将买回家的食材变化出一周料理，不仅经济实惠，还能增加做菜乐趣，让生活更丰富，真的是一举多得的聪明调理法。

又甜又辣的苦椒酱让猪肉吃起来更有味道，搭配分量较多的莴苣，就是一道可当主菜的沙拉。

接着只要准备饭与汤，就能轻松完成今天的晚餐。

韩式烤肉沙拉

小贴士

用辣椒粉等原料制成，味道甘甜、辛辣、鲜美的苦椒酱，可做"三色拌饭"（P.15）或韩式炖菜等料理。

297
kcal

材料（一人份）

薄猪肉片…100g

莴苣…3 片

葱…3cm

A 苦椒酱…1 小匙
　 酱油…2 小匙
　 芝麻油…1 小匙
　 醋…1 小匙
　 砂糖…1/4 小匙
　 蒜末…少许

盐、胡椒…各少许

色拉油…1 小匙

熟白芝麻…少许

做法

1. 猪肉切成一口大小，撒上盐与胡椒。莴苣撕成容易入口的大小。切开葱白，拿掉最里面黄绿色的芯，葱白切丝泡水。

2. 在平底锅中倒入色拉油，烧热，放入薄猪肉片，两面煎熟。

3. 将莴苣放在盘子里，再放上煎好的猪肉片。

4. 混合 A 中的调料，做成酱汁，淋在盘子里，撒上芝麻。

洋葱甜椒猪肉甘辛煮

199 kcal

甜椒与洋葱切成大块，
再以高汤慢慢炖煮。
猪肉溢出的肉汁鲜味，
慢慢渗入蔬菜里，
完成一道层次丰富的日式炖菜。

200g 薄猪肉片做三道菜

材料（一人份）

薄猪肉片⋯50g

洋葱⋯1/2 个

红甜椒⋯1/2 个

姜⋯5g

A ｜ 高汤⋯1/2 杯

　　酱油⋯1 大匙

　　砂糖⋯略多于 1 小匙

　　酒⋯1 大匙

做法

1. 猪肉切成一口大小。洋葱、甜椒纵向对半切，姜切成丝。

2. 在汤锅中倒入 A，加热，开锅后加入食材，盖上锅盖熬煮。再次沸腾后，开小火炖 15 分钟。

材料（一人份）

薄猪肉片…50g

茄子…1 个

大蒜…1/2 瓣

A｜ 巴萨米克醋…1 小匙

　　醋…1/2 小匙

　　橄榄油…2 小匙

　　蜂蜜…1/2 小匙

　　盐、胡椒…各少许

盐、胡椒…各少许

橄榄油…1/2 大匙

做法

1. 猪肉切成一口大小，撒上盐与胡椒。茄子切成圆片，大蒜亦切成片。

2. 在平底锅中倒入橄榄油，放入大蒜，以小火炒至金黄色，取出备用。

3. 以大火加热，放上猪肉片，两面煎熟至变色后取出。

4. 在同一个平底锅中放入茄子，以中火拌炒。等茄子均匀过油后，盖上锅盖，转小火焖 4~5 分钟。

5. 将 A 倒入调理碗拌匀，放入大蒜、猪肉与茄子搅拌。腌渍 5 分钟使其入味，盛入盘里。家中若有芝麻菜，可放上点缀。

巴萨米克醋与蜂蜜腌渍出酸酸甜甜的热腌菜，
趁热腌渍可缩短腌的时间，
但猪肉与茄子放凉后再慢慢腌渍，
不仅更入味，味道也更浓郁。

巴萨米克醋腌猪肉与茄子

262 kcal

小贴士

　　巴萨米克醋是以葡萄为原料，花好几年酿造而成的调味料。一个人开伙，买小瓶装即可。最适合用来为肉类料理和意大利面提味。

第
重
一
人
入
干
以
至
良
是
食
材

一片鸡胸肉
做两道菜

鸡肉先以咖喱粉脆渍入味，
再尽情撒上最爱吃的芝麻。
煎起来焦香酥脆，放凉也很好吃，
下次不妨当便当菜享用

芝麻煎咖喱鸡胸

294 kcal

材料（一人份）

鸡胸肉…1/2 片

A｜盐…1/6 小匙
　｜胡椒…少许
　｜咖喱粉…1/4 小匙

蛋汁…1/4 个鸡蛋量

炒熟的白芝麻…1 大匙

面粉…适量

色拉油…1 小匙

莴苣…1 片

柠檬…1 片

做法

1. 将鸡胸肉切成一半厚度，放入调理碗中。加入 A 轻轻搓揉腌渍，使其入味。

2. 鸡胸肉撒上面粉，蘸蛋汁，在表面均匀撒上大量芝麻。

3. 在平底锅中倒入色拉油，以中火烧热，煎熟鸡胸肉。煎至金黄色后，转小火煎3～4分钟，翻面再煎3～4分钟。

4. 将鸡肉盛入盘里，放上撕成适当大小的莴苣与柠檬。

小贴士

咖喱粉能搭配任何食材，无论是一般的炒青菜还是通心粉、沙拉都能添加，可轻松调制出辣味料理。

材料（一人份）

鸡胸肉⋯1/2 片

芹菜⋯1 根

薄蒜片⋯2 片

A　盐、胡椒⋯各少许

　　酒⋯1 小匙

　　太白粉⋯1 小匙

B　蚝油⋯2 小匙

　　酱油⋯1/2 小匙

　　胡椒⋯少许

芝麻油⋯2 小匙

做法

1. 鸡胸肉切成较粗的长条状，放
   入调理碗中，加入 A 拌匀。

2. 切开芹菜的茎与叶，茎部去掉
   粗纤维，切成 3~4cm 长段，叶
   片切成容易入口的大小。

3. 在平底锅中倒入芝麻油烧热，
   以大火炒鸡肉与蒜片。鸡肉炒
   熟后放入芹菜的茎与叶，迅速
   拌炒。最后倒入 B 炒匀即可。

小贴士

蚝油浓缩了蚝
肉的鲜美，浓度适
中，最适合做快炒
料理。

蚝油炒芹菜鸡胸肉

317 kcal

鸡肉与芹菜口感完全相反，

切成相同粗细，

就能品尝到恰到好处的味道搭配。

添加容易入味的蚝油，

完成一道充满中华风味的快炒料理。

200g 猪绞肉 做三道菜

芥末奶油风 炖肉丸子

462 kcal

材料（一人份）

猪绞肉…100g

洋葱…20g

胡萝卜…1/3 根

A | 盐、胡椒、肉豆蔻 …各少许
 | 生面包粉…1 大匙
 | 蛋汁…1/4 个鸡蛋量

B | 芥末粒…1/2 大匙
 | 鲜奶油…2 大匙

奶油…1½ 小匙

盐、胡椒…各少许

做法

1. 洋葱切成末，胡萝卜切成 1cm 厚的圆片。

2. 在耐热容器里涂上半小匙奶油，放入洋葱，不盖保鲜膜，直接放入微波炉中加热 30 秒。取出放凉。

3. 在调理碗中放入绞肉与 A 拌匀，揉至黏稠后加入步骤 2 中的洋葱，再次拌匀。捏成 3 个肉丸子。

4. 将剩下的奶油放入平底锅加热融化，放入肉丸子。以中火煎，不时翻面，将肉丸子均匀煎成金黄色。放入胡萝卜与小半杯水，盖上锅盖，水沸腾后转小火煮 10 分钟。转中火放入 B 拌匀，撒上盐与胡椒调味，再次沸腾后起锅。

小贴士

将芥末粒用在西式炖菜中提味，口味相当新奇。不过，过度加热会流失酸味和辣味，因此下锅后煮沸即可起锅。

鲜奶油加上芥末粒，完成一道酸味十足的料理。

一口大小的肉丸子加上水煮胡萝卜和口味层次丰富的酱汁，能品尝到入口即化的浓郁口感。

小番茄麻婆豆腐

材料（一人份）

猪绞肉…50g	A 甜面酱…1 小匙
木棉豆腐…半块	水…小半杯
小番茄…5 个	鸡骨汤粉
韭菜…10g	…少许
葱…1/4 根	酒…1 大匙
大蒜…1/4 瓣	酱油…1 小匙
薄姜片…1 片	B 太白粉…半匙
豆瓣酱…小半匙	水…1 大匙
	芝麻油…2 小匙

做法

376 kcal

1. 豆腐切成丁，韭菜切成 3cm 长段。葱、大蒜、姜切成末。

2. 在平底锅中倒入芝麻油烧热，放入猪绞肉、大蒜与姜，将绞肉炒开。

3. 等到猪绞肉炒至变色，加入豆瓣酱。炒出香气后，放入小番茄、豆腐、A 与葱，小心拌炒，不要弄碎豆腐。汤汁沸腾后转小火，再煮 2～3 分钟。

4. 拌匀 B，以绕圈方式淋上，勾芡。撒上韭菜后稍微拌匀即可上桌。

经典中华料理麻婆豆腐中
放入小番茄，让颜色更鲜艳。
炒过后可增加番茄甜味，
以及水嫩多汁的鲜味，
最适合搭配辛辣的麻婆酱汁。

韩式三色拌饭

材料（一人份）

猪绞肉…50g	葱末…1 小匙
热饭…1 大碗（200g）	B 芝麻油…1/2 小匙
干海带芽…2 小匙	盐…少许
莴苣…1 片	苦椒酱…1 小匙
A 酱油…1/2 小匙	熟白芝麻…少许
砂糖…1/2 小匙	
芝麻油…1/2 小匙	
蒜末…少许	

做法

540 kcal

1. 绞肉放入调理碗中，加 A 仔细拌匀，避免绞肉黏稠结块。

2. 在平底锅里放入绞肉，以大火翻炒。

3. 干海带芽泡水还原，沥干水分，放入调理碗中。倒入 B 拌匀。莴苣撕成容易入口的大小。

4. 在碗里盛饭，放入以上食材，倒入苦椒酱，再撒上芝麻即完成。

这是韩式拌饭的创意料理。
甜甜辣辣的绞肉、
莴苣与海带芽盖在饭上，
再搭配香气十足的苦椒酱，
充分拌匀，
真的非常好吃！

两片生鲑鱼
做两道菜

五彩什锦鲜蔬
腌烤鲑鱼

243 kcal

烤鲑鱼做法很简单，
偶尔做成腌菜，
享受不同风味也很不错。
搭配冰箱里的现有蔬菜，
即可完成一道色香味俱全的西式料理。

小贴士

搭配不同蔬菜的颜色与口感来做菜，鲜艳色调令人食指大动。亦可使用甜椒、芹菜与烤香菇。

材料（一人份）

生鲑鱼…1 片
洋葱…1/4 个
小番茄…4 个
A ┃ 橄榄油…2 小匙
　 ┃ 醋…2 小匙
　 ┃ 盐…1/6 小匙
　 ┃ 胡椒…少许
盐…少许

做法

1. 将一片鲑鱼切成三等份，撒盐腌 5 分钟。以厨房纸巾吸干鲑鱼表面的水分，再将鲑鱼放入烤箱，两面烤到熟。

2. 洋葱切成细丝泡水，捞起沥干水分。小番茄对半切。

3. 在调理碗中倒入 A 拌匀，放入鲑鱼、洋葱、小番茄迅速搅拌。静置 15 分钟，使其入味。

4. 将食材盛入盘里，家中若有意大利巴西里，则切一点碎末撒上，增添颜色。

照烧煎鲑鱼

材料（一人份）

生鲑鱼…1 片

青椒…1 个

葱…6cm 长

香菇…1 个

A | 酱油…2 小匙
  | 味淋…2 小匙

盐…少许

色拉油…1 小匙

做法

1. 鲑鱼抹盐腌 5 分钟，再以厨房纸巾吸干表面的水分。

2. 青椒切成 1cm 厚的圆片，葱切成 3cm 长段，香菇对切。

3. 在平底锅中倒入色拉油，加热，放入鲑鱼，以中火煎 2 分钟；煎至变色后，转小火煎 4 分钟。将鱼翻面，在平底锅其他地方放入步骤 2 中的食材一起煎 4 分钟。

4. 拌匀 A，以绕圈方式淋上，开大火，慢慢摇晃平底锅，使鱼均匀入味。

小贴士

一人份的鲑鱼和蔬菜可在同一个平底锅里一起煎熟，能大幅缩短烹煮时间，轻松完成料理。

淋上调味料之前，
一定要将鲑鱼煎熟才行，
这就是美味的关键。
焦香酥脆的口感，
与浓郁的甜辣酱汁均匀入味，
堪称一绝。

主材料是虾仁和青江菜——
只用两种食材完成分量十足的一道菜。
起锅前加一点鱼露，
立刻变身为具有越南风味的快炒料理，
既简单又美味。

青江菜 鱼露拌炒虾仁

181
kcal

材料（一人份）

虾…5 只

青江菜…1 棵

大蒜…1/2 瓣

红辣椒（斜切成薄片）

…1/2 个

鱼露…2 小匙

盐、胡椒…各少许

芝麻油…2 小匙

做法

1. 虾去壳，剔除肠泥后切碎。撒上盐与胡椒，稍微
   拌匀。

2. 青江菜一片片剥下后洗净，斜切成4cm 宽的长段。
   大蒜切成薄片。

3. 在平底锅中倒入芝麻油加热，放入虾、大蒜、红
   辣椒，以中火拌炒。炒出香气后加入青江菜，转
   大火炒熟。起锅前淋上鱼露拌一下即可。

这道菜做法相当简单，

无需拌炒，

也不用熬制汤底，

只要挤上美乃滋并撒上面包粉即可。

虾和鸿喜菇的独特口感，

搭配大蒜的香气，

令人一口接一口！

美乃滋面包粉烤鲜虾鸿喜菇

小贴士

以美乃滋取代白酱，即使下班回家，也能立刻完成焗烤风味料理。面包粉最适合搭配美乃滋，令人回味无穷。

材料（一人份）

虾…5 只

鸿喜菇…1/2 包（100g）

大蒜…1/2 瓣

生面包粉…1½ 大匙

美乃滋…2 大匙

盐、胡椒…各适量

做法

1. 虾去壳并留下尾巴，在虾背划一刀，剔除肠泥。撒上少许盐与胡椒。

2. 鸿喜菇掰成小朵，大蒜切成末。

3. 在耐热容器里放入鸿喜菇，撒上少许盐与胡椒。放上虾、蒜末，挤些美乃滋并撒上面包粉。

4. 将步骤 3 的食材放入烤箱中，前后烤 12~15 分钟。烤到一半表面出现焦痕后，盖上铝箔纸继续加热。

280
kcal

少量也能
保存美味，
食材绝对
不浪费

保存时注重
食材美味与口感，
下次烹煮时
就能事半功倍。
这也是一个人开伙的
重要诀窍。

薄猪肉片

将肉片分装成 50g（2 片份）一包，方便每次料理使用。事先调味，调理时就更轻松。

事先调味

猪肉放进冷冻用密封保鲜袋，倒入调味料，隔着袋子充分搓揉。

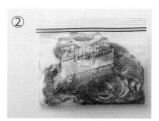

入味后，压平袋子密封。放进冰箱冷冻保存。

料理范例
姜烧猪肉等

以保鲜膜
分装每次用量

将 2 片猪肉放在保鲜膜上，包起密封。摆在铁盘上放入冰箱冷冻。

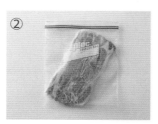

结冻后，连同保鲜膜一起放入冷冻用密封袋，再放回冰箱冷冻保存。

料理范例

韩式
烤肉沙拉
▶ P8

香烤青菜
猪肉卷
▶ P41

先切成一半
方便使用

鸡胸肉切成一半，以厨房纸巾吸干水分，用保鲜膜包起。

鸡肉放入冷冻用密封保鲜袋，挤出空气后密封，放冰箱冷冻保存。

料理范例

芝麻煎
咖喱鸡胸
▶ P12

鸡胸肉

鸡胸肉切成一半后冷冻保存。可先做成清蒸鸡肉，就能轻松完成沙拉或凉拌菜。

清蒸鸡肉

① 鸡肉撒上酒、盐与胡椒，放进微波炉加热。取出用手撕碎。

② 分成小份，用保鲜膜包妥，放入冷冻用密封袋，挤出空气后冷冻。

料理范例

小黄瓜凉拌棒棒鸡

▶ P49

压出压痕

① 将绞肉放入冷冻用密封保鲜袋后压平，以筷子压出十字型压痕。

② 每一格相当于50g，放入冰箱冷冻保存。

③ 隔着袋子沿着压痕折断，就能取出每次用量解冻。

料理范例

奶油培根酱炒卷心菜鸡肉

▶ P43

猪绞肉

绞肉很容易腐坏，一定要趁新鲜冷冻。分装成50g保存，使用时就很方便。

将绞肉炒开

① 以色拉油炒开绞肉，撒上盐与胡椒调味，放凉备用。

② 分装成50g，用保鲜膜包妥，再放入冷冻用密封袋冷冻保存。

料理范例

小番茄麻婆豆腐

▶ P15

※ 使用冷冻保存的肉品时，请先解冻至八成（可用菜刀切开的程度）。

※ 包括肉品与其他食材在内，冷冻保存期以三周为宜。

保存诀窍

保存一人份食材时，建议使用小尺寸冷冻用密封保鲜袋。

虾

一个人开伙时，每次用量约为 2~5 只。可直接冷冻，再分别运用在料理中。

直接放入密封保鲜袋里

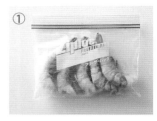

①

虾连壳放进冷冻用密封保鲜袋里，挤出空气后再冷冻。

料理范例

豆瓣酱炒洋葱虾

▶ P36

生鲑鱼

可直接冷冻生鲑鱼，或趁着烤（煎）鲑鱼时，将另一片鲑鱼也烤（煎）熟，再剥碎成小鱼片，使用时就很方便。

以保鲜膜密封分开包装

①

用保鲜膜分别密封每片生鲑鱼，放在铁盘上急速冷冻。

②

结冻后，再连同保鲜膜一起放入冷冻用密封保鲜袋，放回冰箱冷冻保存。

料理范例

粉煎鲑鱼佐番茄辣椒酱

▶ P46

※ 请完全解冻或半解冻使用。

小鱼片

①

以烤箱将生鲑鱼双面烤熟。放凉后去皮去骨，用筷子剥成小片。

②

彻底放凉后，分成每次调理的用量，平铺在保鲜膜上。放入冷冻用密封保鲜袋冷冻保存。

调理范例

烤鲑鱼奶油意大利面、鲑鱼炒饭等。

※ 请完全解冻或半解冻使用。

豆腐

一整块无法一次用完，花点巧思即可延长保存期限。

每天换水冷藏保存

①

将豆腐放进密封容器里，倒入能淹过豆腐的水，盖上盖子放进冷藏室。每天都要记得换水。

蛋

保存期限快到的时候，请煮熟冷冻。分装成一人份料理的用量，没时间煮菜时就很方便。

做成炒蛋

在蛋汁里加少许糖与盐调味，倒入平底锅中炒散，取出放凉备用。

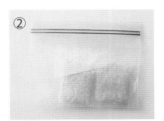

分成小分量并用保鲜膜包起，放在铁盘上急速冷冻。结冻后放入冷冻用密封保鲜袋保存。

料理范例

散寿司、醋腌小黄瓜炒蛋、蛋花汤。

※ 完全解冻后使用。

鲔鱼罐头

通常一整罐不容易用完，剩下的鲔鱼最好冷冻保存。

以保鲜膜包起
冷冻保存

开罐后倒出所有汤汁，用保鲜膜密封，冷冻保存。使用时须完全解冻。

洋葱

洋葱水分较多，容易从切口腐坏，最好包上保鲜膜。

切过的洋葱
放冰箱冷藏保存

以保鲜膜严实密封洋葱切口。保存时应放进冰箱冷藏室。

土豆

放在湿度高的环境容易发芽，买回家时务必放冰箱冷藏保存。

放入保鲜袋
冷藏保存

放入保鲜袋，封紧袋口冷藏。保存在 3~5 ℃的环境里能让淀粉转化成糖分，增加甜度。

胡萝卜

不耐高温潮湿，放在湿度与温度较低的冷藏室比较好。

以保鲜膜包起
冷藏保存

用保鲜膜分开包每一根胡萝卜，避免潮湿，再放进冷藏室保存。

豆芽菜

现正流行"以 50℃ 热水清洗豆芽菜"，可恢复细胞活力，让易腐坏的豆芽菜长久保存。

以 50℃热水
清洗后冷藏保存

①

在调理碗中倒入 50℃ 的热水，放入豆芽菜静置。

②

1 分钟后以网筛捞起，彻底沥干水分后，放入保鲜袋中冷藏保存。

料理范例

豆芽菜
泡菜炒饭

▶ P80

青菜

事先氽烫好绿色蔬菜，需要用蔬菜为料理增添颜色时，即使用量很少也能加快烹煮速度。

迅速氽烫
分成小分量

①

在沸水中一株株氽烫蔬菜，用料理长筷夹着，迅速过水。放凉后切成 3~5cm 长段。

②

分装成容易使用的分量，用保鲜膜包起，再放入冷冻用密封保鲜袋冷冻保存。

料理范例

青菜鸡肉
治部煮

▶ P40

香烤青菜
猪肉卷

▶ P41

※ 烹煮炖菜时可在冷冻状态下直接下锅。制作肉卷时则要半解冻，拧干水分后卷起。

卷心菜

最理想的状态是整棵冷藏，若因外出旅行无法吃完，亦可撒盐后冷冻保存。

放入保鲜袋
密封冷藏

①

为避免干燥，应放入保鲜袋，挤出空气后密封，放入冰箱保鲜室保存。

- -

撒盐后冷冻

①

撒上少许盐，用双手抹匀，卷心菜变软后再搓揉。

②

出水后彻底拧干水分，放入冷冻用密封保鲜袋。压平袋子，放进冰箱冷冻。

料理范例
卷心菜汤等

※ 炒菜时要半解冻；煮汤或炖菜时则可在冷冻状态下使用。

少量也能
保存美味，
食材绝对
不浪费

白萝卜

　　冷冻的白萝卜丝应先解冻，拧干水分，即可炒出美味料理。

切成粗段

①

　　在铁盘里铺上一层保鲜膜，放入切成粗段的白萝卜，盖上保鲜膜急速冷冻。

②

　　白萝卜结冻后放入冷冻用密封保鲜袋，彻底挤出空气，放回冰箱冷冻保存。

料理范例

辣酱炒白萝卜与维也纳香肠

▶ P45

　　※ 炒菜时，应先半解冻再拧干水分使用；煮汤底或味噌汤时，可在冷冻状态下直接使用；做凉拌菜时则应完全解冻，拧干水分再用。

小黄瓜

　　抹盐适度出水后，冷冻过吃起来依旧清脆。

抹盐

①

　　小黄瓜切成圆片，抹盐后充分搓揉。出水后拧干水分。

②

　　在铁盘里铺上一层保鲜膜，一片片放上小黄瓜，盖上保鲜膜急速冷冻。

③

　　小黄瓜结冻后，从铁盘取出，放进冷冻用密封保鲜袋，放回冰箱冷冻保存。

料理范例

土豆沙拉、盐渍鲑鱼与小黄瓜拌饭等

　　※ 请完全解冻并拧干水分后使用。

番茄

　　冷冻番茄可直接下锅煮成番茄汤，十分方便。

切块保存

①

　　番茄对半切，连皮切成大块。直接放进冷冻用密封保鲜袋冷冻保存。

料理范例

意大利杂菜汤笔管面

▶ P84

菇类

　　生鲜菇类可直接冷冻，浓缩菇类鲜味。

切成容易入口的大小

①

　　菇类切成适当大小，放在铺着保鲜膜的铁盘上急速冷冻。结冻后再放入密封袋冷冻保存。

料理范例

奶油炒什锦菇等

　　※ 炒菜、炖菜或煮汤时，皆可在冷冻状态下直接使用。

热腾腾的豆腐料理，
是寒冬时最令人想吃的一道菜，
养颜美容的豆浆汤底，
搭配富含食物纤维的
莴苣与日本水菜，
即可完成对女性最好的健康锅。

豆浆汤豆腐

253 kcal

材料（一人份）

木棉豆腐…1/2 块

莴苣…2 片

日本水菜…1/4 包（50g）

水…1 杯

高汤海带…5cm

豆浆…1 杯

A ｜ 酱油…1 大匙
｜ 味淋…1 小匙
｜ 鲣鱼片…1/4 包（1g）

做法

1. 豆腐切成 4 块，莴苣撕成大片，日本水菜切成 4cm 长。

2. 在汤锅中倒 1 杯水，将稍微擦拭过的海带放进锅里加热，快沸腾时取出海带。

3. 倒入豆浆煮沸，放入豆腐、莴苣和日本水菜，再次煮沸即可离火。

4. 拌匀 A 制成酱汁，搭配豆腐锅一起食用。

小贴士

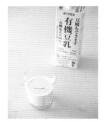

豆浆可以养颜美容、缓解便秘，营养价值相当高，热量还很低。入菜时请选用不含砂糖与油脂的成分无调整产品。

材料（一人份）

木棉豆腐…1/2 块

猪绞肉…50g

洋葱…20g

番茄…1/4 个

A | 盐…1/6 小匙
  | 胡椒…少许
  | 蛋汁…1/4 个鸡蛋量

B | 洋葱末…1 小匙
  | 橄榄油…1 小匙
  | 咖喱粉…1 撮
  | 盐、胡椒…各少许

色拉油…1 小匙

综合沙拉…适量

做法

1. 用厨房纸巾包起豆腐，吸干水分。洋葱切成末。

2. 在调理碗中放入绞肉与 A，搅拌至黏稠。加入步骤 1 中的豆腐和洋葱再次搅拌，塑成椭圆形。

3. 在平底锅中倒入色拉油烧热，放入步骤 2 中的汉堡排，以中火煎 2 分钟。转小火，盖上锅盖，焖 4 分钟。翻面重复相同步骤。

4. 番茄去籽，切成末。将番茄、B 放入调理碗中搅拌。

5. 将煎好的汉堡排盛入盘里，淋上步骤 4 的番茄酱汁，摆上综合沙拉。

豆腐汉堡排佐鲜番茄酱汁

339 kcal

绞肉只用 50g，
拌入去水豆腐，
即可完成一道健康汉堡排。
佐以生番茄制作成的酱汁，
吃起来清新爽口。

三个鸡蛋
做两道菜

在简单的生菜沙拉正中央，
放上一个分量十足的半月形荷包蛋。
筷子一戳，浓稠的蛋黄就会流出来，
可当成沙拉酱汁拌着食用。
鳀鱼的咸味可谓画龙点睛的存在。

荷包蛋
恺撒沙拉

227
kcal

材料（一人份）

蛋…1 个

莴苣…2 片

芝麻菜…2 棵

鳀鱼…1 片

A │ 美乃滋…1 大匙
  │ 牛奶…1 小匙
  │ 蒜泥…少许
  │ 盐、胡椒…各少许

芝士粉…1 小匙

盐、胡椒…各少许

橄榄油…1 小匙

做法

1. 莴苣撕成一口大小，芝麻菜切成
   3cm 长。莴苣和芝麻菜拌匀，放
   在盘子里。

2. 鳀鱼切成碎末，与 A 拌匀。

3. 在平底锅中倒入橄榄油烧热，打
   入蛋，撒上盐与胡椒。蛋煎熟后
   对折，放在步骤 1 的菜上。

4. 淋上鳀鱼碎，撒上芝士粉即完成。

364 kcal

在蛋汁中拌入牛奶和披萨用芝士，再倒入耐热容器烘烤即可，做法相当简单。搭配西蓝花，增添丰富口感。

材料（一人份）

鸡蛋…2 个
西蓝花…50g
洋葱…30g
培根…1 片

A | 披萨用芝士…20g
　 | 盐、胡椒…各少许
　 | 牛奶…2 大匙

盐、胡椒…各少许
橄榄油…1 小匙

做法

1. 西蓝花分成小朵，以保鲜膜包起，放入微波炉加热 30 秒。洋葱切成小丁，培根切成长条。
2. 在平底锅中倒入橄榄油烧热，放入洋葱与培根拌炒。洋葱炒软后，放入西蓝花、盐与胡椒拌炒。
3. 在调理碗中打入蛋，加 A 拌匀。
4. 在耐热容器里放入步骤 2 中的食材，以绕圈方式淋上蛋液，放入烤箱烤 12~15 分钟。过程中烤至表面变色后，盖上铝箔纸，继续将里面烤熟。

无需制作派皮，
且使用小烤箱即可。
亦可用菠菜、卷心菜与菇类等
当季食蔬取代西蓝花，
轻松变化出自己喜欢的口味。

材料（一人份）

鲔鱼罐头…1/2 小罐

木棉豆腐…1/2 块

葱…1/2 根

A | 葱末…1 小匙
| 美乃滋…1 大匙
| 味噌…1 小匙

盐…少许

做法

1. 用厨房纸巾包起豆腐，吸干水分。切成三等份，撒上盐。葱则斜切成薄片。

2. 沥干鲔鱼罐头的汤汁，捣碎鲔鱼后与 A 拌匀。

3. 在耐热容器底部铺上葱，放上豆腐，淋上步骤 2 的鲔鱼。放入烤箱烤 10 分钟，表面烤至微焦即可。

一罐鲔鱼罐头
做两道菜

美乃滋鲔鱼酱
烤豆腐

在常见的美乃滋鲔鱼酱中加入味噌，

瞬间完成口味浓郁的和风酱汁。

淋在豆腐上，美味得令人惊叹！

只要放进烤箱烤，

无需其他调理步骤，

整个空间都充满令人食指大动的味噌香气。

281
kcal

小贴士

酱汁很简单，只要拌匀鲔鱼、美乃滋、味噌、葱末，淋在豆腐上，再放进烤箱里，即可轻松完成这道美味料理。

鲔鱼土豆洋葱炒蛋

295
kcal

以煮得软嫩的蔬菜为底，
撒上鲔鱼，
再淋入蛋汁融为一体。
鲔鱼为这道清爽的日式家常菜增添了浓郁口味。

材料（一人份）

鲔鱼罐头…1/2 小罐

土豆…1 个

洋葱…1/4 个

鸡蛋…1 个

A | 高汤…1/2 杯

　 酒…1 大匙

　 酱油…1/2 大匙

　 砂糖…1/2 小匙

做法

1. 土豆切成长条，泡水去涩。洋葱切成细丝，鲔鱼罐头沥干汤汁。鸡蛋打散成蛋汁。

2. 在平底锅中倒入 A，放入土豆、洋葱，盖上锅盖，以大火加热。煮沸后转小火煮 10 分钟。

3. 均匀撒上鲔鱼，以绕圈方式淋上蛋汁，再次盖上锅盖后即可关火，使蛋凝固在自己喜欢的硬度。

4. 盛盘，家中若有鸭儿芹，可放上一些作为点缀。

材料（一人份）

土豆…1个

洋葱…1/6个

培根…1片

A　芥末粒…1小匙

　　醋…1/2大匙

　　盐…1/6小匙

　　胡椒…少许

橄榄油…1/2大匙

意大利巴西里…少许

做法

1. 土豆带皮洗净后，用保鲜膜包起，放入微波炉加热3分30秒。趁热剥皮，粗略捣碎。洋葱切成薄片，培根切成1cm长的条状。

2. 在调理碗中倒入A拌匀。

3. 在平底锅中倒入橄榄油烧热，放入培根与洋葱拌炒。炒至洋葱呈现半透明状，再放入土豆拌炒。

4. 将以上材料混合，稍微拌匀即可盛入碗里，放上意大利巴西里装饰。

香烤土豆沙拉

203 kcal

土豆先用微波炉加热，

再稍微炒过，放入芥末粒，

做成稍带辣味的土豆沙拉。

做好后趁热享用，

十分方便。

这道料理做法简单，

味道却很浓郁，

搭配简单煎熟的肉类主菜，

好吃又方便。

在小汤锅中慢慢炖煮所有食材，就像是完成一人份法式蔬菜炖肉，令人想要细细品尝土豆的香甜。扑鼻而来的香料气味一吃上瘾，由内而外温暖你的身体。

香料炖土豆、小番茄与维也纳香肠

308 kcal

材料（一人份）

土豆…1 个

小番茄…4 个

维也纳香肠…3 根

水…1/2 杯

A | 综合香料（干燥）
　　…少许
　　盐…1/5 小匙

做法

1. 土豆切成四等份，泡水去涩，用网筛捞起沥干水分。维也纳香肠表面斜划几刀。

2. 在汤锅中倒入 1/2 杯水，放入土豆、香肠、小番茄后盖上锅盖，开火加热。煮沸后转小火，炖 15~20 分钟。起锅前撒上 A 调味。

小贴士

在锅中撒上混合了罗勒、奥勒冈等的综合香料，不那么喜欢香料味道的人，只要使用普通综合香料也能轻松做出适合自己的一人份香料料理，享受香料的美味。

材料（一人份）

胡萝卜…1/2 根

鲔鱼罐头…1/2 小罐

蛋…1 个

A | 酱油…1/2 小匙
　 | 酒…1 小匙
　 | 盐、胡椒…各少许

色拉油…1/2 大匙

做法

1. 胡萝卜切成丝，鲔鱼罐头预先沥干汤汁，蛋打散备用。

2. 在平底锅中倒入色拉油烧热，放入胡萝卜炒软后，加入鲔鱼拌炒。

3. 倒入 A 拌炒，以绕圈方式淋上蛋汁，大幅度搅拌，蛋炒熟后关火起锅。

胡萝卜鲔鱼炒蛋

235 kcal

这道简单的炒菜可以吃到大量胡萝卜，
再用设计独特的黑色盘子盛装，
充分凸显胡萝卜的鲜艳色调，
令人食指大动。

炖煮胡萝卜与鸡肉时，
在锅中撒入鲣鱼片即可。
做法相当简单，
却能炖出浓郁鲜味。
吃一口，美味香气瞬间唇齿萦绕，
这就是无可言喻的令人怀念的美好滋味。

〉小贴士〈

重视料理香气
和风味的人，绝对
不要错过鲣鱼片与
和风高汤粉。开封
后应尽早用完。一
个人开伙时，使用
1 包 3g 的小包装鲣
鱼片刚刚好。

材料（一人份）

胡萝卜…1/2 根
鸡腿肉…1/2 片
鲣鱼片…1/2 包（1.5g）
A｜水…1/2 杯
　｜酒…1 大匙
　｜酱油…2 小匙
　｜砂糖…1 小匙
红辣椒…1/2 个
色拉油…1 小匙

做法

1. 胡萝卜切成不规则块状，鸡肉切成一口大小。

2. 在平底锅中倒入色拉油烧热，放入鸡肉，煎至两面都变色后，再放入胡萝卜拌炒。

3. 胡萝卜均匀过油后，放入 A、鲣鱼片与红辣椒，盖上锅盖。煮沸后，转小火煮 15 分钟。打开锅盖，再转中火搅拌，使酱汁均匀附在食材上。

鲣鱼煮胡萝卜与鸡肉

355 kcal

豆瓣酱炒洋葱虾

259 kcal

材料（一人份）

洋葱…1/2 个
虾…5 只
大蒜…1/4 瓣
薄姜片…1 片

A | 盐、胡椒
  …各少许
  酒…1 小匙
  太白粉
  …1 小匙

B | 番茄酱…1 大匙
  酱油…1 小匙
  砂糖…1/4 小匙
  酒…2 大匙
  太白粉…1/4 小匙

豆瓣酱…1/4 小匙
芝麻油…2 小匙

做法

1. 虾去壳，划开背部剔除肠泥。在调理碗中放入虾与 A 仔细搓揉。

2. 洋葱切成月牙片，大蒜、姜切成末。将 B 拌匀备用。

3. 在平底锅中倒入芝麻油烧热，放入虾与洋葱拌炒，盖上锅盖转小火焖 3 分钟。焖熟食材后打开锅盖，转大火，放入豆瓣酱、大蒜与姜快速拌炒。最后淋上拌好的 B，煮到汤汁收干。

这道菜的主角是分量十足的洋葱，
虽然切得较大块，
稍微焖过之后，
就可以让豆瓣酱的辛辣味道充分入味。
虾放少一点就能降低这道菜的成本，
突然想吃干烧虾仁时，
不妨尝试这道菜。

小贴士

　　豆瓣酱不只能运用于中华料理，还能淋在豆腐上，或是作为煎饺、韩式煎饼的蘸酱。不妨将它当成辣椒酱，品尝不一样的辣味口感。

嫩煎鸡肉佐洋葱酱汁

320 kcal

巴萨米克醋是决定洋葱酱汁味道的关键。
加一点点就能轻松做出在意式料理餐厅吃到的美味。
这道酱汁淋在汉堡排或嫩煎竹夹鱼上，
也十分对味。

材料（一人份）

洋葱…1/2 个

鸡胸肉…1/2 片

西蓝花…40g

A ｜ 酱油…1 小匙
　｜ 巴萨米克醋…1 小匙
　｜ 盐、胡椒…各少许
　｜ 蜂蜜…1/2 小匙

盐、胡椒…各少许

色拉油、奶油…各 1 小匙

做法

1. 将鸡肉片切成均一厚度，撒上盐与胡椒。洋葱切成薄片，西蓝花分成小朵。

2. 在平底锅中倒入色拉油，以中火烧热，将鸡肉煎至变色后，转小火煎 4 分钟。翻面继续煎。将西蓝花与洋葱放在鸡肉旁，中火略转小，鸡肉与西蓝花煎熟后，将食材全部取出。

3. 奶油放入平底锅加热融化，再放入洋葱拌炒，炒至变色后倒入 A 调味。

4. 将步骤 2 中的食材盛入盘里，淋上步骤 3 中的酱汁即完成。

因工作晚归时，豆腐和豆芽菜是最方便的食材。
只要两三下就能迅速完成一道美味的快炒，
大幅缩短烹煮时间。
不仅分量十足，热量又低，
"晚上九点后吃晚餐"时，
这两项食材是健康又不发胖的最佳选择。

冲绳风
豆芽菜炒豆腐

232
kcal

材料（一人份）

豆芽菜…1/2 包

万能葱…20g（6 根）

木棉豆腐…1/2 块

鲣鱼片…1/4 包

A │ 味淋…1 小匙
　│ 酱油…2 小匙
　│ 盐、胡椒…各少许

芝麻油…2 小匙

做法

1. 用厨房纸巾包起豆腐，吸干水分。万能葱
切成 3cm 长段。

2. 在平底锅中倒入芝麻油烧热，豆腐切成一
口大小，放入锅中炒至稍微变色后，再放
入豆芽菜和万能葱拌炒均匀。

3. 淋上 A 炒匀，起锅前放入鲣鱼片迅速拌匀。

材料（一人份）

豆芽菜…1/2 包
猪肉片…100g
葱…1/4 根

A | 水…1/4 杯
  | 酒…1 大匙
  | 鸡骨汤粉
  | …1/4 小匙
  | 酱油…2 小匙
  | 盐、胡椒…各少许

B | 太白粉…1 小匙
  | 水…2 小匙
  | 盐、胡椒…各少许
  | 芝麻油…2 小匙

做法

1. 猪肉撒上盐与胡椒，葱斜切成薄片。

2. 在平底锅中倒入芝麻油烧热，炒熟猪肉。猪肉变色后，加入葱与豆芽菜拌炒。

3. 倒入 A 拌匀，煮沸后倒入调好的 B，再次煮沸至汤汁收干。

豆芽菜烩猪肉

331 kcal

即使放入半包豆芽菜，
炒熟后依然可以轻松吃完！
勾欠不只能增加分量感，
还能浓缩美味，
吃起来更鲜甜！

小贴士

简单烹煮一人份快炒时，淋上一点太白粉水勾欠，就能增加分量感。亦有助于维持菜的热度，不仅满足胃，还能满足心。

材料（一人份）

菠菜…1/3 把

鸡胸肉…1/2 片

胡萝卜…4cm（40g）

A │ 高汤…1/2 杯

　 │ 味淋…2 小匙

　 │ 酱油…2 小匙

　 │ 砂糖…1/2 小匙

太白粉…少许

盐…少许

做法

1. 菠菜用保鲜膜包起来，放入微波炉加热 1 分钟，拧干水分后切成 5cm 长段。胡萝卜纵切成 2~3mm 厚。

2. 鸡肉斜切成薄片，抹盐腌渍。

3. 在汤锅中放入 A、胡萝卜，开火，盖上锅盖。沸腾后转小火，续煮 5 分钟。

4. 鸡肉均匀裹上一层薄薄的太白粉，放入步骤 3 的汤汁中炖 10 分钟。最后放入菠菜稍微煮过。盛入碗里，依个人喜好加上芥末。

治部煮 青菜鸡肉

281 kcal

小贴士

鸡肉均匀裹上太白粉后，可增加汤汁浓稠度，口感也更滑嫩。在小调理碗中倒入一人份太白粉，即可轻松处理。

※ 治部煮，日本金泽知名地方菜，主要使用鸭肉与加糖的微甜汤汁烹调。

感到疲累时，
真的很想吃一碗热腾腾的炖煮料理。
想要简化烹煮步骤，
就用微波炉先将青菜煮熟。
趁热品尝这道菜，
暖心也暖胃。

材料（一人份）

小松菜…1/3 把　　　　盐…少许
鲔鱼罐头…1/2 小罐　　色拉油…1/2 大匙
柚子胡椒…1/5 小匙

做法

1. 小松菜切成 4cm 长段，鲔鱼罐头沥干汤汁。
2. 在平底锅中倒入色拉油烧热，放入小松菜与鲔鱼拌炒。食材炒熟后，加入柚子胡椒，以盐调味。

小贴士

柚子胡椒是"烤鸡肉"必备佐料，炒菜时也能拿来调味。一个人开伙最棒的地方，就是不必在意他人口味，全依个人喜好调味。

柚子胡椒炒青菜鲔鱼

174 kcal

简单的炒青菜只要加入柚子胡椒，
就能为料理增添特有的滋味，
味道瞬间变得丰富
呛辣口感最适合成年人享用
起锅前放一点，就能让整道菜风味独具。

材料（一人份）

菠菜…1/3 把　　　　盐、胡椒…各少许
薄猪肉片…4 片（100g）　色拉油…1 小匙
红甜椒…1/8 个
A｜番茄酱…1 小匙
　｜酱油…1 小匙

做法

1. 菠菜用保鲜膜包起，放入微波炉加热 1 分钟，拧干水分后切成 4~5cm 长段。甜椒切丝。
2. 摊开两片猪肉片，稍微重叠在一起，撒上盐与胡椒。
3. 在两片猪肉片的尾端放上一半的菠菜和甜椒，往前卷起。剩下的一半放在另外两片猪肉片上，以同样方式卷起。
4. 在平底锅中倒入色拉油烧热，将肉卷的封口处朝下，以中火一边滚动一边煎熟。
5. 表面煎至变色后盖上锅盖，转小火焖 3 分钟。倒入 A，让酱汁均匀包裹食材后，切成容易入口的大小。

香烤青菜猪肉卷

254 kcal

以猪肉卷起青菜和甜椒，
再均匀蘸上番茄酱，
做成照烧口味。
小小的一口，浓缩所有美味。
这道菜也很适合作为便当菜。

材料（一人份）

卷心菜…3 片

薄猪五花肉片…100g

葱…1/4 根

大蒜…1/4 瓣

豆瓣酱…1/3 小匙

A ｜ 甜面酱…1 小匙

　　酒…1 小匙

　　酱油…1 小匙

盐、胡椒…各少许

芝麻油…2 小匙

做法

1. 卷心菜切大块。猪肉切成 4cm 宽，撒上盐与胡椒。葱斜切成 1cm 长，大蒜切成薄片。

2. 在平底锅中倒入芝麻油烧热，炒熟猪肉。猪肉变色后，放入葱、大蒜和卷心菜拌炒。

3. 卷心菜炒软后，加入豆瓣酱。炒出香气后加入A，迅速拌匀后起锅。

回锅肉
卷心菜炒

497
kcal

—— 小贴士 ——

甜面酱不仅可以用来炒菜、抹在烤肉上，还可在起锅前为料理增添风味，用途相当广泛。

同时使用带有甜味的甜面酱
以及口味呛辣的豆瓣酱，
利用中式调味料，
调制出好味道。
这个调味方式也很适合拿来做辣炒茄子，
烹煮一人份快炒时，
不妨尝试看看。

材料（一人份）

卷心菜…3 片
猪绞肉…100g
冬粉…20g
葱…1/4 根

A
| 酒…1 小匙
| 姜末…少许
| 盐、胡椒…各少许
| 芝麻油…1/2 小匙

B
| 水…1 杯
| 蚝油…1 小匙
| 酱油…2 小匙
| 盐、胡椒…各少许

做法

1. 卷心菜切大块。葱斜切成 6~7mm 厚的葱片。
2. 在调理碗中放入绞肉、A，搅拌至黏稠，捏成一颗肉丸子。
3. 在汤锅中放入 B，开火煮沸后，放入卷心菜、葱、肉丸。盖上锅盖，转小火，煲 10 分钟，将肉丸子煲熟。
4. 迅速洗净冬粉，放入锅中，续煲 5 分钟，冬粉煲熟后即完成。

卷心菜狮子头粉丝煲

363 kcal

肉的鲜味在烹饪过程中，
慢慢渗入卷心菜与粉丝，
吃起来十分美味。
将绞肉捏成一颗大狮子头，
品尝时将它捣碎再吃，
也是一个人开伙的饮食乐趣。

材料（一人份）

卷心菜…2 片
鸡胸肉…1/2 片
鸡蛋…1 个
薄蒜片…1 片

A
| 牛奶…1 大匙
| 芝士粉…2 小匙
| 盐、胡椒
| …各少许

奶油…1 大匙
现磨黑胡椒粒…少许
盐、胡椒…各适量

做法

1. 鸡肉斜切成一口大小的薄片，撒上少许盐与胡椒。
2. 卷心菜切块。将蛋打入调理碗中，加入 A 调匀。
3. 在平底锅中放入奶油与大蒜，开小火，奶油融化后放入鸡肉，转中火拌炒，炒至稍微变色。
4. 放入卷心菜拌炒，炒软后撒上少许盐与胡椒。
5. 关火，以绕圈方式淋上步骤 2 的蛋汁，大幅拌炒。趁着蛋软嫩时起锅装盘，最后撒上一点盐与胡椒提味。

奶油培根酱炒卷心菜鸡肉

甘甜卷心菜均匀裹上蛋与牛奶，
完成一道口味温润的嫩煎料理。
重点在于，
起锅前一定要撒上现磨黑胡椒粒。
这一步骤为这道菜增添了辛辣滋味。

409 kcal

半根白萝卜
做三道菜

材料（一人份）

白萝卜…150g

鲔鱼罐头…1 小罐

鸭儿芹…6 根

A ｜ 美乃滋…2 小匙
　｜ 胡椒…少许

盐…少许

做法

1. 白萝卜切成长条，放入调理碗中，撒盐搓揉。出水变软后倒掉水。鸭儿芹切成 3cm 长段。

2. 鲔鱼罐头沥干汤汁，放入调理碗中捣碎。倒入 A 拌匀，再加入白萝卜和鸭儿芹充分搅拌。

美乃滋鲔鱼酱白萝卜沙拉

212 kcal

白萝卜与美乃滋鲔鱼酱是永远的经典搭配。
拌入香味独特的鸭儿芹，
即可完成一道符合大人口味的沙拉。
使用具有深度的黑色圆盘，盛满盘子，
看起来非常高雅。

辣酱炒白萝卜与维也纳香肠

材料（一人份）

白萝卜…150g

维也纳香肠…3 根

姜…5g

A | 泰式甜辣酱…1 大匙
  | 酱油…1 小匙
  | 芝麻油…1/2 大匙

做法

1. 白萝卜切成 5~6cm 长的粗段，维也纳香肠切成斜薄片，姜切丝。

2. 在平底锅中倒入芝麻油烧热，放入白萝卜与姜拌炒。白萝卜炒软后，放入维也纳香肠，再倒入A迅速拌炒均匀。

小贴士

味道甜甜辣辣的泰式甜辣酱盐分较少，只要搭配酱油，即使用日式食材也能做出异国风味。

这道菜的烹煮秘诀就是，慢慢将白萝卜炒到软，起锅前再倒入泰式甜辣酱。如此一来，在家吃饭，也能充分享受东南亚料理的香气。

300 kcal

红烧白萝卜猪肉

悠闲度过的假日最适合花时间煮菜，享受难得的做菜乐趣。慢慢炖煮白萝卜与厚切肉片，为下一周储备充沛活力。

357 kcal

材料（一人份）

白萝卜…200g

厚猪颈肉片…1 片（100g）

薄姜片…2 片

A | 高汤…1/2 杯
  | 酒…2 大匙
  | 砂糖…2 小匙
  | 酱油…1 大匙

万能葱…1 根

做法

1. 白萝卜先纵向对半切，再切成2cm厚的半圆形。猪肉切成一口大小。

2. 在汤锅中放入A、白萝卜，开火煮沸后，放入猪肉与姜。盖上锅盖，转小火炖30分钟。

3. 将食材盛入盘里，撒上切成1cm长的万能葱即可上桌。

将番茄翻炒至软烂成糊状，
完成浓缩了甜味与酸味的酱汁，
并搭配可消除鱼腥味的塔巴斯科辣椒酱。
先将酱汁淋在盘子上，再放上鲑鱼，
就能让红色酱汁看起来更显鲜艳。

粉煎鲑鱼佐番茄辣椒酱

332 kcal

材料（一人份）

番茄…1个
生鲑鱼…1片
大蒜…少许
A │ 塔巴斯科辣椒酱、
　│ 盐、胡椒…各少许
盐、胡椒…各少许
面粉…适量
橄榄油…1大匙

做法

1. 番茄切成小丁，大蒜切成末。
2. 鲑鱼撒上盐与胡椒，均匀裹上粉，再拍掉多余的粉。
3. 在平底锅中倒入 2 小匙橄榄油，烧热，放入生鲑鱼，以中偏小火煎 4~5 分钟。翻面以同样方式煎熟后取出。
4. 用厨房纸巾快速擦掉锅里的油，倒入剩下的橄榄油，加热爆香大蒜和番茄，炒到番茄软烂变成糊状为止。再倒入 A 调味。
5. 将步骤 4 的酱汁倒在盘子上，放上鲑鱼。家中若有芝麻菜，可放上点缀。

小贴士

利用塔巴斯科辣椒酱为番茄酱汁提味，加辣之后，整道菜的味道会更鲜明。辣度可依个人喜好调整。

材料（一人份）

番茄…1 个

鸡蛋…1 个

葱…1/4 根

A │ 酱油…1 小匙
　│ 砂糖…1/4 小匙

盐、胡椒…各少许

色拉油…2 小匙

做法

1. 番茄切成月牙片，葱则斜切成 1cm 长的薄片。将蛋打散，撒上盐与胡椒调味拌匀。

2. 在平底锅中倒入 1 小匙色拉油烧热，倒入步骤 1 的蛋汁大幅搅拌，炒至半熟后先取出备用。

3. 将剩下的色拉油倒入同一个平底锅中，热好油锅后放入葱。炒出香气后，放入番茄拌炒，以 A 调味。

4. 倒入步骤 2 的蛋，炒匀后起锅。

番茄炒蛋

192 kcal

这道菜最适合忙碌的日子。
只要拌炒冰箱里的番茄与鸡蛋，
就是一盘简单的美味。
番茄和鸡蛋色调鲜艳，
不仅好吃好看，也让人充满活力。

这是以小黄瓜为主角、
口味清爽的中式炒菜。
快炒的重点在于，
保留原始的酸味与
小黄瓜的清脆口感。

两根小黄瓜
做两道菜

糖醋小黄瓜拌炒猪肉

（317 kcal）

材料（一人份）

小黄瓜…1 根

猪肉片…100g

姜…10g

A　酱油…1 小匙

　　醋…1 大匙

　　砂糖…1/2 大匙

　　盐…1/6 小匙

盐、胡椒…各少许

芝麻油…2 小匙

做法

1. 小黄瓜切成不规则块状，姜切成丝。猪肉撒上盐与胡椒调味。拌匀A备用。

2. 在平底锅中倒入芝麻油，烧热，拌炒猪肉与姜丝。炒至猪肉变色后，加入小黄瓜迅速拌炒。再倒入A，炒匀即可盛盘。

只要善用芝麻酱，就能轻松完成一人份料理，无需花时间研磨芝麻。在芝麻酱里加一点辣油，更能突显风味。

材料（一人份）

小黄瓜…1 根

鸡胸肉…1/2 片

葱末…1 小匙

蒜末…少许

A | 酒…1 小匙
　 | 盐、胡椒…各少许

B | 白芝麻酱…2 小匙
　 | 醋…1 小匙
　 | 砂糖…1/2 小匙
　 | 酱油…2 小匙
　 | 辣油…1/4 小匙

熟黑芝麻…少许

做法

1. 鸡肉撒上 A，用保鲜膜包起，放入微波炉加热 2 分 30 秒。放凉后撕碎。

2. 小黄瓜先切成 3cm 长段，再纵切成薄片。

3. 在调理碗中放入葱、蒜、B，拌匀，制成酱汁。

4. 将小黄瓜铺在盘底，放上鸡肉，接着淋上酱汁再撒上芝麻即完成。

314 kcal

小黄瓜纵切成薄片后，
可以充分享受生鲜蔬菜的水嫩口感。
把小黄瓜放在大盘子的中间，
再叠上不预先调味的鸡肉，
别放满整个盘子，看起来更清爽。

白菜泡菜是这道料理的幕后主角，
泡菜鲜味取代高汤角色，
使鸿喜菇充分入味
由于实在太好吃，
就算用掉半包鸿喜菇，
一个人也能轻松吃完

鸿喜菇炒泡菜猪肉

323
kcal

材料（一人份）

鸿喜菇…1/2 包（100g）

猪肉片…100g

青椒…1 个

白菜泡菜…50g

盐、胡椒…各少许

酱油…1 小匙

芝麻油…2 小匙

做法

1. 猪肉撒上盐和胡椒，鸿喜菇分小朵，青椒切细丝，白菜泡菜沥干水分后切段。

2. 在平底锅中倒入芝麻油烧热，放入猪肉拌炒。猪肉变色后，放入鸿喜菇、青椒一起炒。

3. 蔬菜炒熟后，加入白菜泡菜拌炒，起锅前淋上酱油调味。

材料（一人份）

白鸿喜菇
…1/2 包（100g）

生鲑鱼…1 片

洋葱…1/4 个

大蒜…1/4 瓣

A ｜ 醋…1 大匙
｜ 盐…1/4 小匙
｜ 橄榄油…2 小匙
｜ 砂糖…1/2 小匙
｜ 胡椒…少许
｜ 水…1/4 杯

盐、胡椒…各少许

月桂叶…1/4 片

做法

1. 鲑鱼撒上盐与胡椒。鸿喜菇分成小朵，洋葱、大蒜切成薄片。拌匀 A。

2. 在锅里铺上洋葱与蒜，再放上鲑鱼和鸿喜菇，接着放入 A 与月桂叶，盖上锅盖，开火蒸煮。酱汁煮沸后转小火炖 10 分钟。

清炖鸿喜菇与鲑鱼

253 kcal

将食材放进锅中，
开火炖熟即可。
酱汁清炖能轻松入味，
受到大家欢迎。
以简单的橄榄油酱汁清炖，
充分浓缩鸿喜菇和鲑鱼的鲜甜，
为料理增添浓郁而有深度的风味。

小贴士

酱汁清炖的做法相当简单，味道也十分爽口，是一道适合成年人的料理。也很适合拿来炖鸡肉、青花鱼和沙丁鱼等西式炖菜。

搭配使用喜欢的餐具，
享受时尚美味

　　家中每一个餐具都是我在最爱的店家或旅行时发现后带回家的。一个人吃饭的好处，就是可以自由组合这些餐具。餐具可以让料理更美味。因为想要使用某个碗盘，而开始想今天要做什么菜，也是另一种趣味。

以大地色调统一整体
营造北欧温馨风格

　　将黄色、蓝色、褐色与苍绿色等大地色调组合在一起，就能营造出充满北欧风格的餐桌。以简洁的白色小碗盛装配菜或下酒菜，再放到黄色盘子里，自然呈现出一体感。在汤碗旁放上一根木汤匙，更添温暖氛围。

组合搭配不同材质的日式餐具

　　这个餐桌上有陶器、瓷器和木碗等各种材质的日式风格餐具。热腾腾的炖菜与汤品就用厚实且具有保温性的陶器，其他料理与主食则随兴选择喜欢的碗来盛装。在白色与褐色等令人心旷神怡的餐具中，搭配一款青花瓷盘，成为焦点。

利用花朵图案与金银装饰
为餐桌增添独特风景

　　装饰着阿拉伯式花纹的摩洛哥玻璃杯十分可爱，是生活用品店相当受欢迎的商品。搭配质地厚实的深蓝色、深绿色碗盘，以及镶上金边、银边的特色餐具，就能营造出摩洛哥风格。盛上库斯库斯（北非小米饭），让人仿佛置身餐厅享用美食。

看似用途受局限的餐具
也能发挥巧思
变化出独特用法

　　这是旅行时发现的、看一眼就想带回家的中式附盖汤碗。不只能装汤，还能盛"小番茄麻婆豆腐"或炒饭等日常料理，乐趣多多。搭配瓷汤匙与中式方形竹筷，更能营造气氛。

column 2

充满个人风味的
明星调味料

这些调味料都是在品种丰富的进口食品商店购买的，我也是第一次使用。学会使用方法，就能为日常料理增添全新的个人风味。

我家随时都有一瓶可生食的特级初榨橄榄油，可以淋在生鱼片上，或是与巴萨米克醋调成酱汁使用。巴萨米克醋和芥末粒加热后，辣味与酸味会变温和，吃起来较顺口，很适合煮汤。

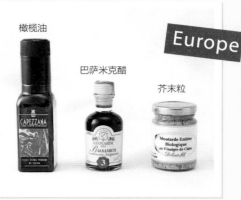

橄榄油　巴萨米克醋　芥末粒

Europe

芝麻油　辣油　柚子胡椒　芝麻酱　山椒粉

Japan

山椒粉和柚子胡椒最重要的就是香气，若是拿来炒菜，加热过度会流失香气，因此一定要起锅前再加。将芝麻油和辣油拿来为汤品调味，或为"韩式参鸡翅汤"（P.102）等锅品提味，只要关火前淋上几滴，就能瞬间提升香气。芝麻酱最适合拿来做凉拌菜，可以充分品尝浓郁的芝麻香。喝味噌汤之前加在汤里，就能增添风味，令人一喝上瘾。

平时会买却很难用完的异国调味料，不妨拿来为日常料理提味。味道独特的鱼露可为咖喱或意大利面提味。蚝油加在炒面或炖菜里，吃起来更香浓。带有甜味的甜面酱与豆瓣酱拌在一起，可以突显豆瓣酱的辣味。通常都直接食用的苦椒酱和泰式甜辣酱，其实也很适合拿来炒菜。

蚝油　甜面酱　苦椒酱　鱼露　泰式甜辣酱

Ethnic

第2章 一个人开伙也可以很简单

　　一般认为，炖菜就是要在大锅里一次炖多一点才好吃，步骤繁复的油炸料理最好邀朋友来家里玩时再做。每到傍晚，百货公司的地下美食街卖得最好的熟食，通常都是做一人份很难做得好吃，或是直接买现成比较省事的菜肴。但其实，一人份料理想要做得好吃并非不可能，只要选用适合的调理工具，调味上再多花点巧思即可。或者，亦可一次多做一点小菜当成"常备基础菜"，借此变化出第二道、第三道菜，就能避免从零开始做菜的焦虑。

　　再搭配一道三分钟速成小菜，就能轻松组合出营养均衡的套餐。品尝刚做好的美味瞬间——这就是一人份料理才能享受到的醍醐味。

一人份炖菜

材料相当简单，
土豆、牛肉与洋葱即可组合出最佳料理
炖煮时汤汁放多一点，
一人份也能煮得入味好吃。

土豆炖肉

321 kcal

材料（一人份）

牛肉片…50g

土豆…1个

洋葱…1/4个

A ┃ 高汤…1/2 杯

　 ┃ 酒…1 大匙

　 ┃ 砂糖…1 小匙

　 ┃ 酱油…2 小匙

　 ┃ 盐…少许

色拉油…1 小匙

做法

1. 牛肉切成一口大小，洋葱纵向对切。土豆也切成一口大小后泡水，之后捞起沥干水分。

2. 在汤锅中倒入色拉油烧热，放入土豆拌炒。炒匀后放入牛肉稍微拌匀，倒入 A 煮到沸腾。捞起浮沫，盖上锅盖，转小火炖15~20分钟。

小贴士

只要有肉，再搭配家庭常备的土豆和洋葱即可。这道菜的事前处理步骤较少，想吃就能立刻做。

一人份的卷心菜卷只需用到两片卷心菜，用微波炉加热可以省去煮水余烫的步骤，缩短烹煮时间。

材料（一人份）

卷心菜…2 片
洋葱…30g
培根…1 片
综合绞肉…100g

A | 盐、胡椒、
  | 肉豆蔻…各少许

B | 高汤块…1/4 个
  | 水…1/4 杯
  | 月桂叶…1/4 片

盐、胡椒…各少许

做法

1. 卷心菜放入保鲜袋，以微波炉加热 1 分钟，削掉较硬的菜心。洋葱切末，培根切成 3cm 宽。

2. 在调理碗中放入绞肉、A，充分拌匀。搅拌至黏稠后，加入洋葱继续搅拌。分成二等份，捏成长筒状。

3. 取一片卷心菜包覆一份绞肉，并用牙签固定。剩下的食材也以相同方式包妥。

4. 在锅中放入菜卷、削下来的菜心、培根、B，盖上锅盖。煮沸后转小火，炖煮 15~20 分钟。起锅前撒上盐与胡椒调味。

卷心菜卷

318 kcal

以西式高汤炖煮出清爽顺口的卷心菜卷。
切成小片的培根用来增添风味，
由于培根不卷入卷心菜里，
只要一片就够了。

材料（一人份）

鸡翅…3 个
卷心菜…2 片
白萝卜…100g（3cm）
胡萝卜…1/4 根
洋葱…1/4 个
A | 高汤块…1/4 块
  | 水…2 杯

B | 薄蒜片…1 片
  | 月桂叶…1 小片
  | （大片可使用…1/2 片）
盐…1/4 小匙
胡椒…少许

做法

1. 将每片卷心菜切成四等份。白萝卜切成一口大小，胡萝卜切成不规则块状，洋葱切成月牙片。

2. 在锅中放入 A，煮沸后放入鸡翅、步骤 1 的食材、B，盖上锅盖。再次煮沸后转小火，炖 20 分钟。起锅前撒上盐与胡椒调味。

一人份炖菜

法式蔬菜炖鸡翅

243 kcal

想摄取足够蔬菜时，
最适合享用煮成汤的炖煮料理。
一锅就能“吃到好多蔬菜”的满足感，
令人回味无穷。

薄肉片很快就能煮熟,
卷成一口大小可以缩短烹煮时间,
看起来就像分量十足的肉块,
吃起来入口即化。

小贴士

使用市售的牛肉酱汁即可事半功倍。比起不容易用完的罐头包装,70g 的袋装产品更适合一个人使用,可以完全用完。

材料（一人份）

薄牛肉片…100g

胡萝卜…1/4 根

洋葱…1/4 个

土豆…1 小个

鸿喜菇…1/4 包（50g）

红酒…2 大匙

水…3/4 杯

A | 牛肉酱汁
　　…1 包（70g）
　　番茄罐头（切块）
　　…1/4 罐（100g）

奶油…2 小匙

盐、胡椒…各适量

做法

1. 摊开牛肉，撒上少许盐与胡椒，将每片牛肉卷成一口大小。

2. 胡萝卜切成 1cm 厚的圆片，洋葱纵切成三等份。土豆切成月牙片，鸿喜菇分成小朵。

3. 在平底锅中放入奶油，加热融化，放入牛肉，煎至表面微微变色。除了鸿喜菇之外，将所有食材全部加入拌炒。

4. 食材炒匀后倒入红酒，煮到沸腾，再加入 3/4 杯水，盖上锅盖。煮沸后转小火，炖 15 分钟。

5. 放入鸿喜菇与 A，盖上锅盖再炖 10 分钟。起锅前撒上盐与胡椒调味。

红酒炖牛肉

473 kcal

59

做这道菜时一定要注意，
猪肉应选择一口大小的产品，
才能放入小平底锅炸。
炸小块肉绝对比炸一大块肉更省时，
更容易炸熟。

炸猪排

412
kcal

材料（一人份）

一口猪排用猪肉
（里脊肉、腿肉等）
…100g

蛋汁…1/4 个鸡蛋量

生面包粉…适量

盐、胡椒…各少许

面粉…适量

炸油…适量

卷心菜丝…1 片份

猪排酱…适量

做法

1. 在猪肉两面撒盐与胡椒。

2. 猪肉均匀裹上一层薄薄的面粉，再蘸上蛋汁，裹上面包粉，用手轻压，使其服帖。

3. 在平底锅中倒入 1.5cm 深的炸油，以中火烧热。拿两粒面包粉放入锅中，如发出噼里啪啦的声音就放入步骤 2 中的猪排，炸 2~3 分钟。翻面再炸 2~3 分钟，炸至金黄色后取出，沥干油分。

4. 将猪排盛入盘里，放上卷心菜丝，再淋上猪排酱。

材料（一人份）

虾…3 只

青椒…1 个

香菇…1 个

胡萝卜…30g

蛋黄…2 小匙

盐…少许

面粉…4 大匙

冷水…3⅓ 大匙

做法

1. 以竹签剔除虾的肠泥，剥掉虾壳，留下尾部一截，引出虾尾的积水。在虾的侧腹部划三刀。

2. 青椒纵切成四等份，香菇切掉菇柄后，再切成一半。胡萝卜切成较粗的长段。

3. 在调理碗中放入蛋黄与冷水拌匀。倒入面粉稍微搅拌，制作面衣。

4. 在平底锅中倒入 1.5cm 深的炸油，烧热至 170℃（放入料理长筷会起泡的温度）。

5. 以厨房纸巾吸干虾的水分，裹上步骤 3 的面衣，轻轻放入油锅里。以中火炸 2 分钟，翻面炸 1 分钟后取出，沥干油分。

6. 青椒、香菇皆裹上面衣，放入油锅中炸 1 分钟。将胡萝卜放入剩下的面衣里，拌匀后分成三等份，炸 1 分钟后取出，沥干油分。

7. 盛盘，蘸盐一起食用。

天妇罗

483 kcal

站在油锅旁，
一炸好天妇罗就忍不住立刻吃掉，
虽然不太雅观，
但享用热腾腾的美味，
正是一人份油炸料理最迷人的地方。

炸春卷

467 kcal

材料（一人份）

鸡柳…2 条
葱…4cm
香菇…1 个
豆芽菜…40g
春卷皮…4 小片

A | 酱油…1 小匙
  | 盐、胡椒…各少许
  | 芝麻油…1 小匙

B | 面粉…1 小匙
  | 水…少于 1 小匙

炸油…适量
芥末酱…少量

做法

1. 鸡柳去筋，切成薄片，再切成丝。放入调理碗中，加入 A 搓揉均匀。

2. 葱切成丝，香菇切掉菇柄后切成薄片，连同豆芽菜一起放入步骤 1 的调理碗中拌匀。B 调匀，做成面糊。

3. 在一片春卷皮的一端放上以上馅料的 1/4，往前卷起，在封口处抹上面糊固定。剩下的春卷皮与馅料也以同样方式包妥。

4. 在平底锅中倒入 1.5cm 深的炸油，开小火。将料理长筷放入锅中试油温，略微起泡后，放入春卷炸 3 分钟，翻面炸 3 分钟。起锅前转大火，炸至金黄酥脆后捞起，沥干油分。

5. 将炸好的春卷放入深盘，搭配芥末酱一起食用。

小贴士

此处选择小尺寸春卷皮，若使用一般春卷皮请切半使用。馅料分量较少，做起来重量较轻，也可以缩短油炸的时间。

若使用可以很快炸熟的食材制作馅料，
便无需事先炒过。
完成后的春卷尺寸很小，
也很适合姐妹淘聚会时当小点心。

一人份 油炸料理

当天可能晚回家时，
可在早上先腌好鸡肉，
放入冰箱保存。
回家后只要炸好即可上桌。

炸鸡块

357 kcal

小贴士

与天妇罗一样，一人份炸鸡的面衣也要少一点。使用小调理碗腌肉或裹粉，减轻事后清洁的负担。

材料（一人份）

鸡腿肉…1/2 片

A ┃ 酱油…1 小匙
　┃ 味淋…1/2 小匙
　┃ 姜汁…1/4 小匙

盐、胡椒…各少许

太白粉…1 大匙

炸油…适量

柠檬…1 片

做法

1. 鸡肉切成一口大小，放入调理碗中。撒上盐与胡椒轻轻搅拌，倒入 A 搓揉均匀，腌 15 分钟。

2. 沥干酱汁，均匀裹上太白粉，再拍掉余粉。

3. 在平底锅中倒入 1.5cm 深的炸油，以中火烧热。将料理长筷放入锅中试油温，略微起泡后，放入鸡块炸 3 分钟，翻面再炸 3 分钟。转大火将鸡块表面炸得酥脆，放在厨房纸巾上沥干油分。

4. 将鸡块放入盘里，放上柠檬。

基本版炖鹿尾菜

入味的炖鹿尾菜拿来做其他料理时，调味方式越简单越好。亦可放在饭上或拌入沙拉食用。

材料（方便制作的分量）

干鹿尾菜…30g
胡萝卜…40g
香菇…1个
油豆腐皮…1/2片
A 高汤…1杯
　酒…2大匙
　砂糖…1½大匙
　酱油…2½大匙
色拉油…1/2大匙

做法

1. 鹿尾菜洗净，泡在一大盆水中20分钟，泡开还原。用网筛捞起，沥干水分。
2. 胡萝卜切成粗段，香菇切掉菇柄后切成薄片。油豆腐皮泡在热水里去油，切成小段。
3. 在平底锅中倒入色拉油烧热，放入以上食材拌炒，再倒入A拌匀，盖上锅盖。煮滚后转小火炖15~20分钟。

鹿尾菜蛋包

材料（一人份）

基本版炖鹿尾菜…3大匙（30g）
鸡蛋…1个
奶油…1小匙
盐、胡椒…各少许

做法

1. 将鸡蛋打散于调理碗中，放入"炖鹿尾菜"、盐与胡椒拌匀。
2. 在平底锅中放入奶油，加热融化后放入调好味的炖鹿尾菜，用料理长筷大幅搅动。蛋煎至半熟后，塑成半月形。将两面煎至金黄色。
3. 将煎好的蛋包盛入盘里，家中若有樱桃萝卜，可放上点缀。

鹿尾菜豆腐煎饼

材料（一人份）

基本版炖鹿尾菜…3大匙（30g）
木棉豆腐…1/2块（150g）
葱…3cm
盐…少许
面粉…1小匙
色拉油…1/2大匙
白萝卜泥…适量

做法

1. 用厨房纸巾包起豆腐，吸干水分。葱切成末。
2. 将豆腐放入调理碗中，用手捏碎，再放入葱、面粉、盐拌匀。放入"炖鹿尾菜"搅拌均匀，分成三等份后，压成饼状。
3. 在平底锅中倒入色拉油，以较小的中火烧热，放入步骤2中的饼。盖上锅盖煎3分钟，翻面煎3分钟。
4. 将煎饼盛入盘里，搭配白萝卜泥一起食用。

保存笔记

放凉后，装入密封容器里冷藏，可保存4~5天。冷冻保存时，请先分装成单次用量，以保鲜膜包起来放入冷冻用密封袋，再放进冰箱冷冻。

鹿尾菜蛋包

蛋包是日式料理的常见菜色，
煎蛋时要大幅搅动蛋汁，
即可迅速完成蛋包制作。

124 kcal

鹿尾菜豆腐煎饼

改变以往的油炸方法，
拌入豆腐后煎成豆腐饼。
最适合减肥期间吃，
搭配白萝卜泥吃起来更爽口。

197 kcal

65

基本版什锦杂烩

使用大量蔬菜做成的什锦杂烩，是欧洲小酒馆的经典菜色。夏季蔬菜与番茄味道十分协调，夏天时多做一点放在冰箱，方便又好吃。

材料（方便制作的分量）

洋葱…1/4 个

红甜椒…1/2 个

茄子…1 个

节瓜…1 个

大蒜…1/4 瓣

A 番茄罐头
（切块）…1/4 罐
盐…1/3 小匙
胡椒…少许

月桂叶…1 片

干罗勒…少许

橄榄油…2 小匙

做法

1. 洋葱、甜椒切成 3cm 块状，茄子、节瓜切成 1cm 厚的圆片（较大条的节瓜先纵向对半切，再切成 1cm 厚的半圆形）。大蒜切成末。

2. 锅里倒入橄榄油，放入大蒜，以中火爆香，加入洋葱炒软。依序放入茄子、节瓜与甜椒，充分拌炒后，放入 A、月桂叶、干罗勒拌匀。盖上锅盖，转小火炖 20 分钟。

保存笔记

放凉后，装入密封容器里冷藏，可保存 3~4 天。冷冻保存时，请先放入冷冻用密封保鲜袋，压平后放进冰箱冷冻。

什锦杂烩焗烤饭

材料（一人份）

基本版什锦杂烩…1/3 量

火腿…2 片

热饭…1 碗（150g）

A 奶油…1 小匙
盐…1/5 小匙
胡椒…少许

披萨用芝士…30g

做法

1. 将饭放入调理碗中，加 A 拌匀，倒入耐热容器里铺平。

2. 在另一个调理碗中放入"什锦杂烩"、切成长条的火腿，充分拌匀。

3. 将两个调理碗中的食材混合在一起，撒上芝士。放入烤箱烤 10 分钟，烤至表面稍微变色即可。

嫩煎猪排佐什锦杂烩

材料（一人份）

基本版什锦杂烩…1/3 量

猪里脊肉（炸猪排用）…1 片

A 水…2 大匙
番茄酱…1 小匙
砂糖…1/3 小匙

盐、胡椒…各适量

醋…1 大匙

面粉…适量

橄榄油…1 小匙

做法

1. 将"什锦杂烩"稍微再切成小块。

2. 猪肉先撒上少许盐与胡椒，均匀裹上面粉，再拍掉多余的粉。

3. 在平底锅中倒入橄榄油烧热，放入猪肉，以较小的中火煎至金黄色。翻面，以同样方式煎熟后取出。

4. 在同一个平底锅中倒入醋，煮沸，加入"什锦杂烩"、A 再次煮沸，撒上盐与胡椒调味。

5. 将猪排盛入盘里，淋上"什锦杂烩"。家中若有综合沙拉，可放在旁边点缀。

什锦杂烩
焗烤饭

淋在饭上，
就是一道配菜丰富的烩饭，
番茄与芝士的搭配十分出色。

502 kcal

嫩煎猪排
佐什锦杂烩

添加番茄酱立刻变身成酸甜酱汁，
这道菜虽以肉为主角，
却能吃到大量蔬菜。

392 kcal

基本版肉酱

肉酱也是家中必备菜色。
即使搭配以蔬菜或饭为主的料理，
也能轻松摄取肉类，
能让人大感满足。

材料（方便制作的分量）

综合绞肉…200g
洋葱…1/4 个
芹菜…50g
大蒜…1/4 瓣
蘑菇…6 个
红酒…3 大匙

A │ 番茄罐头
　 │（切块）…1 罐
　 │ 高汤块…1/2 块
　 │ 盐…1/3 小匙
　 │ 胡椒、肉豆蔻
　 │ …各少许
　 │ 月桂叶…1 片

盐、胡椒…各少许
橄榄油…2 小匙

做法

1. 洋葱、芹菜、大蒜切成末。蘑菇则切成薄片。

2. 在锅中倒入橄榄油与大蒜，以中火爆香，放入洋葱，转大火快炒。炒匀后转小火仔细拌炒。

3. 加入芹菜，转大火快炒。放入绞肉炒开。

4. 倒入红酒煮到沸腾，放入蘑菇、A 拌匀，再次煮沸后转小火。盖上锅盖，炖 15~20 分钟。起锅前再撒入盐与胡椒调味。

保存笔记

　　放凉后，装入密封容器里冷藏，可保存 3~4 天。冷冻保存时，可用冷冻用密封保鲜袋分装单次用量，压平后放进冰箱冷冻。

肉酱炖水煮蛋与甜椒

材料（一人份）

基本版肉酱
…1/4 量
水煮蛋…2 个
红甜椒…1 个

A │ 水…1/4 杯
　 │ 蚝油…2 小匙

盐、胡椒…各少许

做法

1. 水煮蛋剥壳，甜椒纵切成四等份。

2. 甜椒放入平底锅中，开火盖上锅盖，焖 5 分钟。倒入"肉酱"、A、水煮蛋拌匀，再煮 10 分钟。撒上盐与胡椒调味。

咖喱肉酱炒饭

材料（一人份）

基本版肉酱
…1/4 量
热饭
…1 大碗（200g）
奶油…1 大匙

A │ 咖喱粉…2 小匙
　 │ 盐、胡椒
　 │ …各少许

莴苣…2 片

做法

1. 在平底锅中放入奶油，加热融化，倒入白饭炒开，饭粒均匀粘上奶油后，加入"肉酱"拌炒。再撒上 A 炒匀。

2. 莴苣撕成适当大小，铺在盘底，放上步骤 1 的炒饭。家中若有切碎的烤杏仁，可放上点缀。

肉酱炖
水煮蛋与甜椒

以肉酱炖水煮蛋以及焖过的甜椒，
不仅分量十足，
也很入味。

378
kcal

咖喱肉酱炒饭

加入咖喱粉增添辛辣味，
与饭一起拌炒，
完成一道美味的肉酱咖喱炒饭。

646
kcal

基本版盐渍猪肉

花两晚慢慢腌制，
完全封住猪肉鲜味。
直接切成薄片吃也很美味。

材料（方便制作的分量）

猪颈肉（肉块）…300g

月桂叶…1 片

盐…1½ 大匙

胡椒…少许

做法

1. 猪肉均匀撒上盐与胡椒，充分搓揉，放入密封袋里。挤出空气，放进冰箱冷藏室冰两晚。

2. 用水洗掉猪肉表面的盐与胡椒。

3. 在直径超过 16cm 的汤锅中，倒入 3 杯水加热。水沸后放入猪肉、月桂叶，再煮沸后转小火，炖 40 分钟。关火，放凉后备用，无需再做其他调理。

卷心菜煮盐渍猪肉

材料（一人份）

基本版盐渍猪肉…1/3 量

汤汁…1/4 杯

卷心菜…1/3 棵

白酒…1 大匙

胡椒…少许

做法

1. 卷心菜纵向对切，"盐渍猪肉"切成容易入口的小块。

2. 在锅中放入卷心菜、"盐渍猪肉"及其汤汁、白酒，盖上锅盖加热。煮沸后转小火，焖 20 分钟。

3. 盛盘，撒上胡椒调味。

   ※ 没有汤汁的话可以改放 1/4 杯水，起锅前以少许盐和高汤块调味。

生春卷

材料（一人份）

基本版盐渍猪肉…1/3 量

小黄瓜…1/2 根

胡萝卜…20g

青紫苏…2 片

生春卷皮…2 片

甜辣酱…适量

做法

1. 小黄瓜、胡萝卜、"盐渍猪肉"切成丝，青紫苏纵向对半切。

2. 生春卷皮泡水，铺在砧板上，将步骤 1 中的一半食材包成春卷。剩下的也以相同方式包妥。

3. 将一条生春卷切成三等份，放在盘里，搭配甜辣酱一起食用。

保存笔记

放凉后，将肉从汤汁中取出，装入密封容器里冷藏，可保存 4~5 天。煮肉的汤汁适合拿来煮汤，可放入密封容器或保鲜袋中保存。冷冻保存时，请用保鲜膜分装每次使用的分量，再放入冷冻用密封保鲜袋冰起来。煮肉的汤汁亦可冷冻。

卷心菜
煮盐渍猪肉

卷心菜与猪肉的鲜味完全渗入汤汁里，
不只食材好吃，连汤也好喝。

246
kcal

生春卷

口味清爽的盐渍猪肉与蔬菜的组合，
最适合搭配泰式甜辣酱。

298
kcal

基本版牛肉时雨煮

层次十足的咸甜口味，
即使食欲不振还是令人一口接一口，
炖煮至汤汁收干的程度，
有助于延长保存期限。

材料（方便制作的分量）

牛肉片…200g

牛蒡…1/2 根（80g）

姜…10g

A　酒…3 大匙

　　砂糖…1½ 大匙

　　酱油…1½ 大匙

做法

1. 牛蒡削成粗丝，泡水后沥干水分。姜切成丝。

2. 在锅中放入 A 煮沸。再放入牛蒡丝、姜丝、牛肉，一边搅拌一边炖煮。

牛肉沙拉散寿司

材料（一人份）

基本版牛肉时雨煮…1/3 量

小黄瓜…1/2 根

莴苣…1 片

小番茄…3 个

热饭…1 大碗（200g）

A　醋…1 大匙

　　砂糖…1 小匙

　　盐…1/5 小匙

盐…少许

做法

1. 小黄瓜切成小圆片，撒上少许盐后搓揉，出水变软后轻轻拧干水分。莴苣撕成一口大小，小番茄切成四等份。

2. 拌匀 A，制作酱汁。

3. 将饭放入调理碗中，倒入 A 拌匀，做成寿司饭。放入"牛肉时雨煮"、步骤 1 中的食材，大略搅拌即可上桌。

柳川风滑蛋牛肉

材料（一人份）

基本版牛肉时雨煮…1/3 量

日本水菜…50g

鸡蛋…1 个

水…1/4 杯

做法

1. 日本水菜切成 3cm 长段，蛋打散。

2. 在平底锅中放入"牛肉时雨煮"、1/4 杯水，开火加热。煮沸后放入日本水菜，迅速搅拌。以绕圈方式淋上蛋汁，盖上锅盖关火，依个人喜好煮成半熟状态。

　※ 时雨煮，日本常见料理烹调手法，意喻一时降下的雨，有短时间烹煮的意思，一般多加入生姜、酱油等特调酱汁炖煮。

　※ 柳川风为日本料理烹调方法的一种。无论主食材为何，都加牛蒡和蛋，并用酱油、糖、味淋、鲣鱼高汤炖煮。

保存笔记

　放凉后，装入密封容器里冷藏，可保存 3~4 天。冷冻保存时，可用冷冻用密封保鲜袋分装单次用量，再放进冰箱冷冻。

牛肉沙拉散寿司

将沙拉蔬菜拌入饭里，
很晚才吃晚餐时，
无需花费时间煮菜就能饱食一顿。

572 kcal

柳川风滑蛋牛肉

由于牛肉和牛蒡都会煮出鲜味，
因此无需使用高汤，
放在饭上就能享用美味盖饭。

289 kcal

三分钟
速成小菜

晚回家时根本没时间做好几道菜，
不过，只要利用冰箱现有蔬菜，
短短三分钟就能完成美味小菜！
做法相当简单，
可轻松品尝食材的水嫩口感，
舒缓一整天的紧绷情绪。

拌匀即可

腌梅干拌西蓝花

带有淡淡的腌梅干的咸味与酸味
撒上鲣鱼片轻松增添美味

25 kcal

材料（一人份）

西蓝花…60g

腌梅干…1/2 个

鲣鱼片…2 撮

做法

1. 西蓝花分成小朵，氽烫后放入调理碗中。腌梅干切碎，与鲣鱼片一起放入碗中充分拌匀。

拌匀即可

辣油拌小黄瓜

小黄瓜要拍出裂痕
才更能入味

25 kcal

材料（一人份）

小黄瓜…1 根

辣油…少许

酱油…1/2 小匙

盐…少许

做法

1. 用擀面棍轻拍小黄瓜，再用手掰成一口大小。放入调理碗中，倒入辣油、酱油与盐拌匀。

胡萝卜沙拉

削成薄片生吃
一入口就能吃到自然甘甜

71 kcal

材料（一人份）

胡萝卜…1/2 根

A 醋…2 小匙
　砂糖…1/2 小匙
　盐…1/6 小匙
　色拉油…1 小匙
　胡椒…少许

做法

1. 用削皮器将胡萝卜削成薄片，放入调理碗中，与 A 拌匀，静置 5 分钟，使其入味。

辣椒粉腌卷心菜

辣椒粉充分突显
水煮卷心菜的甘甜

49 kcal

材料（一人份）

卷心菜…1 片

A 蒜末…少许
　芝麻油…1/2 小匙
　盐、砂糖、
　一味辣椒粉
　…各少许

熟白芝麻…少许

做法

1. 卷心菜迅速汆烫，切成长条，放入调理碗中。放入 A 拌匀，盛盘，撒上白芝麻即可上桌。

奶油酱油拌南瓜

善用微波炉加热
让南瓜迅速裹上奶油

101 kcal

材料（一人份）

南瓜…100g
奶油…1/2 小匙
酱油…1 小匙

做法

1. 用保鲜膜包起南瓜，放入微波炉加热 2 分钟。趁热切成大块，放入调理碗中，再放入奶油、酱油拌匀。

芝士炒菠菜

拌炒即可

也适合搭配汉堡排与粉煎鲑鱼

87 kcal

材料（一人份）

菠菜…100g

A｜盐、胡椒…各少许
　｜芝士粉…1/2 大匙

橄榄油…1½ 小匙

做法

1. 依菠菜长度切成三等份。在平底锅中倒入橄榄油烧热，放入菠菜拌炒，再加入 A 炒匀。

大蒜炒豆苗

拌炒即可

以大火快炒豆苗做法简单的正统中华料理！

105 kcal

材料（一人份）

豆苗…1 包

大蒜…1/2 瓣

A｜蚝油…1 小匙
　｜酱油…1/2 小匙
　｜盐、胡椒…各少许

芝麻油…1½ 小匙

做法

1. 依照豆苗长度对切，大蒜切成薄片。

2. 在平底锅中倒入芝麻油，放入大蒜，以中火爆香。放入豆苗，转大火快炒，倒入 A 拌炒即完成。

青椒快炒蘘荷

拌炒即可

这道味道清爽的炒菜给人难忘的香气和口感

45 kcal

材料（一人份）

青椒…1 个

蘘荷…2 个

盐、胡椒…各少许

橄榄油…1 小匙

做法

1. 青椒切成丝，蘘荷切成薄片。

2. 在平底锅中倒入橄榄油烧热，放入青椒和蘘荷拌炒，再撒上盐与胡椒调味。

鳕鱼子炒金针菇

用酒取代油来炒鳕鱼子
口味温醇又健康

56 kcal

材料（一人份）

金针菇…1/2 包

鳕鱼子…130g

酒…1 小匙

盐…少许

做法

1. 将金针菇剥开，鳕鱼子去除薄皮。

2. 热好平底锅，放入金针菇、鳕鱼子、酒，拌炒到熟。撒盐调味。

鳀鱼炒芦笋

芦笋充满鳀鱼特有咸味
吃起来相当特别

54 kcal

材料（一人份）

绿芦笋（细）…1 把

鳀鱼…1 片

大蒜…1/4 瓣

盐、胡椒…各少许

橄榄油…1 小匙

做法

1. 芦笋切成三等份。

2. 大蒜、鳀鱼切成末。

3. 在平底锅中倒入橄榄油，放入大蒜、鳀鱼，以火爆香后，再加入芦笋一起拌炒，最后撒上盐与胡椒调味。

凉拌小松菜

用高汤煮青菜与油豆腐皮
轻松完成口味温和的日式小菜

63 kcal

材料（一人份）

小松菜…100g

油豆腐皮…1/4 片

A ｜ 高汤…1/2 杯
｜ 味淋…1 小匙
｜ 酱油…1½ 小匙

做法

1. 小松菜切成 3cm 长段。油豆腐皮淋热水去油，切成细丝。

2. 在锅中放入 A 煮沸，加入小松菜和油豆腐皮，再次煮沸后，转小火，煮 7~8 分钟。

腌渍即可

蜂蜜柠檬腌鲜蔬

拿出冰箱里的蔬菜，完成色彩缤纷的爽口小菜

120 kcal

材料（方便制作的分量）

小黄瓜、胡萝卜、芹菜、白萝卜等蔬菜…200g

A | 水…1/2 杯
| 醋…3 大匙
| 蜂蜜…1 大匙
| 盐…1/3 小匙
| 胡椒…少许
| 薄姜片…2 片
| 柠檬…2 片

做法

1. 蔬菜切成容易入口的大小。
2. 将 A 放入耐热容器里，加入蔬菜，以保鲜膜覆盖，放进微波炉加热 1 分 30 秒。放凉即可食用。

腌渍即可

微波茄子佐中华酱汁

用微波炉蒸熟的茄子搭配辣味酱汁一起食用

52 kcal

材料（一人份）

茄子…1 个

A | 酱油…1 小匙
| 醋…1/2 小匙
| 芝麻油…1/2 小匙
| 芥末酱…少许

葱…3cm

做法

1. 茄子用保鲜膜包起，放入微波炉加热 1 分 30 秒。放凉后，斜切成 1.5cm 的厚片。拌匀 A，淋在茄子上。将茄子盛入盘里，撒上葱丝即可上桌。

淋上即可

番茄佐姜丝橙醋酱油

使用市售橙醋酱油即可酱汁的香气令人难忘

31 kcal

材料（一人份）

番茄…1 小个

姜…5g

橙醋酱油…1/2 大匙

做法

1. 番茄纵向对半切，再切成一口大小。姜切成丝备用。
2. 番茄盛盘，撒上姜丝，再淋上橙醋酱油。

第 3 章

一个人开伙也绝对不发胖

一个人吃饭时很容易因为难得做菜、不想浪费而吃太多……

有时下班晚了，回到家吃晚餐已经超过九点，

在这样的情况下，即使吃得少也容易发胖。

为了满足各位需求，这一章将介绍晚回家也能迅速完成、

低热量且使用大量蔬菜、吃一盘就饱的"主食"，

以及喝一碗就饱的"料理汤品"。

再加上偶尔想喝酒时，

一定要来一盘的低热量"小酒馆风下酒菜"。

全都是最适合死党聚会的美味小点！

无论多晚回家，一定要吃饱再睡——

当你有信心做好一人份料理并好好吃饭时，

就会每天早上充满活力，积极面对所有挑战！

鸿喜菇芝士炖饭

498 kcal

九点以后吃晚餐
也不发胖！

炖饭比用电饭锅煮饭更省时间，
即使回家后才开始做，
不一会儿就能享用美食。

白菜泡菜不仅刺激食欲，
还能为炒饭调味。
捣碎荷包蛋拌匀再吃，
能品尝另一番滋味。

豆芽菜泡菜炒饭

490 kcal

鸿喜菇芝士炖饭

材料（一人份）

米…1/4 杯

洋葱…1/4 个

鸿喜菇…1/2 包

火腿…2 片

大蒜…1/4 瓣

A | 高汤块…1/4 块
  | 水…1¼ 杯

B | 披萨用芝士…20g
  | 盐…1/5 小匙
  | 胡椒…少许

橄榄油…1 小匙

芝士粉…1 小匙

做法

1. 洋葱与大蒜切末，鸿喜菇分小朵。火腿切成长段。
2. 在锅中倒入橄榄油，放入大蒜爆香，再放入洋葱炒软，之后加米拌炒。
3. 放入鸿喜菇、火腿、A 拌匀，盖上锅盖，煮沸后转小火炖 8 分钟。撒入 B 拌匀，盛入盘里，最后撒上芝士粉即完成。

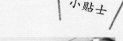

炒过的生米与新鲜蔬菜一起炖煮，一盘就能摄取到蔬菜的营养。加入番茄，煮成红色炖饭也很美味。

豆芽菜泡菜炒饭

材料（一人份）

热饭…1 碗（150g）

白菜泡菜…100g

豆芽菜…100g

葱…1/4 根

鸡蛋…1 个

A | 白芝麻酱…2 小匙
  | 酱油…2 小匙
  | 盐、胡椒…各少许

芝麻油…1 小匙

色拉油…1/2 小匙

做法

1. 白菜泡菜切块，葱切成末。
2. 在直径 24cm 的平底锅中倒入芝麻油烧热，放入饭、豆芽菜炒开。加入泡菜和葱，继续拌炒。最后加入 A 炒匀，盛入碗里。
3. 迅速洗过平底锅，倒入色拉油烧热，打一个蛋，煎成荷包蛋。放在炒饭上。

放入一大把低热量的豆芽菜，增加炒饭分量。在起锅调味前再放入，迅速炒过即可，保留清脆口感。

强棒面的特色就是使用大量蔬菜，
是女性在外午餐的首选。
做成清淡爽口的日式口味，
光是蔬菜就超过 180g。

488
kcal

绿咖喱

513
kcal

这道辣得过瘾的咖喱
是近年来泰国料理餐厅
最受欢迎的菜色。
使用市售咖喱酱包，
在家也能轻松享用泰式咖喱。

绿咖喱

材料（一人份）

热饭…1 小碗（120g）

虾…5 只

青椒…1 个

茄子…1 个

椰奶…1/2 杯

绿咖喱酱…2 小匙（1/4 包）

鱼露…1/2 大匙

色拉油…1 小匙

水…1/2 杯

做法

1. 青椒切成不规则块状。茄子纵向削皮后，切成1cm厚圆片。虾去壳，剔除肠泥。

2. 在平底锅中倒入色拉油烧热，放入步骤 1 中的食材拌炒。炒匀后加入 1/2 杯水，盖上锅盖，煮沸后炖 4~5 分钟。

3. 倒入椰奶、绿咖喱酱拌匀，添加鱼露调味，再次煮到沸腾后与饭一起盛入盘里。

※ 剩下的咖喱酱用保鲜膜包起，再放进冷冻用密封保鲜袋冷冻保存。椰奶分装成单次用量，倒入密封容器里冷冻保存。

小贴士

绿咖喱的热量比牛肉咖喱和鸡肉咖喱低，而且使用很容易煮熟的食材作主食，可缩短烹煮时间。

强棒乌龙面

材料（一人份）

水煮乌龙面…1 团

猪肉片…50g

冷冻综合海鲜…50g

卷心菜…1 片

胡萝卜…30g

小松菜…50g

葱…1/4 根

A ｜ 高汤…1¾ 杯

　｜ 味淋…1 小匙

　｜ 酱油…2 小匙

　｜ 盐…1/4 小匙

芝麻油…1 小匙

做法

1. 卷心菜切成较宽的长条状，胡萝卜切丝，小松菜切成3cm长段，葱斜切成1cm长。

2. 在平底锅中倒入芝麻油烧热，放入猪肉、葱拌炒。炒至猪肉变色后，放入卷心菜、胡萝卜、小松菜、综合海鲜。炒匀后倒入A，煮到沸腾，放入乌龙面迅速煮熟。

小贴士

只要使用冰箱里既有的蔬菜即可。不粘锅有助于减少芝麻油的用量，晚一点吃晚餐也不用担心。

意大利杂菜汤笔管面

317 kcal

九点以后吃的晚餐，
只要一个锅就能搞定，
意大利面也放进锅里煮，
简化调理步骤。

九点以后吃晚餐
也不发胖！

越式汤冬粉

432 kcal

一到午餐时间，
小摊子的越式汤冬粉最受欢迎。
只要善用鱼露调味，
就能轻松煮好越式汤冬粉。

意大利杂菜汤笔管面

材料（一人份）

笔管面…50g
卷心菜…1 片
洋葱…1/4 个
番茄…1 小个
青椒…1 个
大蒜…1/4 瓣
A ｜高汤块…1/4 块
　｜水…1¼ 杯
盐…1/4 小匙
胡椒…少许
橄榄油…1/2 大匙
芝士粉…1 小匙

做法

1. 卷心菜大略切过。洋葱、番茄、青椒切小丁，大蒜切成末。
2. 在汤锅中倒入橄榄油、大蒜加热，爆香后放入洋葱拌炒。洋葱炒软后，加入青椒、番茄、卷心菜炒匀，接着放入 A。
3. 煮沸后放入笔管面搅拌，盖上锅盖。再次煮沸后，转小火炖 15 分钟。起锅前撒盐与胡椒调味。盛盘，撒上芝士粉。

小贴士

番茄、卷心菜与青椒等各式蔬菜都加一点，不放培根也能煮出清澈汤底，富含蔬菜精华，健康又美味。

越式汤冬粉

材料（一人份）

冬粉…60g
鸡腿肉…80g
葱…5cm
豆芽菜…50g
A ｜酒…2 小匙
　｜水…2½ 杯
　｜薄姜片…5g
B ｜鱼露…1 大匙
　｜盐、胡椒…各少许
莴苣…2 片
柠檬…1 片

做法

1. 鸡肉切成一口大小，葱则切成斜片。
2. 在锅中放入 A 与鸡肉，盖上锅盖加热。煮沸后转小火，炖 10 分钟。
3. 将葱、迅速洗过的冬粉、豆芽菜放入锅中，再煮 3~4 分钟后以 B 调味，即可盛入碗里。放上撕成一口大小的莴苣与柠檬。

小贴士

冬粉充满嚼劲，也容易吸附汤汁，吃完后很有饱足感。煮一人份的冬粉只要过水清洗，无需事先汆烫。

大蒜蒸蛤蜊节瓜

番茄炖杏鲍菇与维也纳香肠

热酱煮墨鱼芜菁

想喝一杯时，来盘媲美
小酒馆的下酒菜

豆腐腌鳕鱼子

坦都里香烤鸡翅

微炙鲑鱼片

不只蛤蜊好吃
鲜美汤汁也是一绝

大蒜蒸
蛤蜊节瓜

54 kcal

材料（一人份）
蛤蜊（带壳）…200g
节瓜…1/2 条
大蒜…1/2 瓣
红辣椒…1/2 个
白酒…1 大匙
盐、胡椒…各少许

做法

1. 吐沙后，用手捞起蛤蜊，一边摩擦一边用水洗净。节瓜切成2cm厚片，再切成四等份。大蒜切薄片。

2. 平底锅中放入步骤1的食材、红辣椒、白酒，煮沸后盖上锅盖，转小火焖煮。蛤蜊开口后，撒上盐与胡椒调味。

在辣酱中加入酸奶
为料理增添温润风味

坦都里
香烤鸡翅

230 kcal

材料（一人份）
鸡翅…3 只
A｜原味酸奶…2 大匙
　｜姜泥…1/4 小匙
　｜蒜泥…少许
　｜番茄酱…1/2 大匙
　｜咖喱粉…1/2 小匙
盐…1/4 小匙
胡椒…少许
色拉油…少许
莴苣…1 片
洋葱…20g
柠檬…1 片

做法

1. 沿着内侧骨头的生长部位，在鸡翅划上几刀，撒上盐与胡椒。

2. 将A倒入保鲜袋混合均匀，放入鸡翅搓揉，冷藏腌渍一晚（时间不够时在室温下腌1小时）。

3. 在烤箱铁盘铺上一层铝箔纸，抹上薄薄一层色拉油，放上鸡翅烤15分钟，烤至金黄色。

4. 莴苣撕成容易入口的大小，洋葱切成薄片泡水，之后捞起沥干。

5. 将鸡翅、莴苣、柠檬盛盘即可享用。

辣椒粉的呛辣滋味
令人一吃上瘾

番茄炖
杏鲍菇与
维也纳香肠

269 kcal

材料（一人份）
维也纳香肠…3 根
杏鲍菇…1 个
洋葱…1/6 个
A｜番茄罐头（切块）…50g
　｜辣椒粉…1 小匙
　｜水…2 大匙
　｜盐、胡椒…各少许
橄榄油…1 小匙

做法

1. 维也纳香肠斜划几刀，洋葱切成1cm小丁。杏鲍菇切开菇柄与菇伞，菇柄部分斜切成1cm厚片，菇伞纵切成四等份。

2. 在平底锅中倒入橄榄油，烧热，放入洋葱炒软后，再加入杏鲍菇、维也纳香肠拌炒。食材炒匀后，倒入A拌匀。盖上锅盖，转小火炖10分钟即可完成。

朋友在家聚会时
立刻就能端出来的前菜

豆腐
腌鳕鱼子

219 kcal

材料（一人份）
木棉豆腐…1/3 块（100g）
鳕鱼子…30g
洋葱末…2 小匙
美乃滋…2 小匙
盐、胡椒…各少许

做法
1. 用厨房纸巾包起豆腐，吸干水分。鳕鱼子去除薄皮后剥开。
2. 豆腐放入调理碗中，以叉子压碎，再放入鳕鱼子、洋葱、美乃滋拌匀。撒上盐与胡椒调味，盛入碗中即完成。可依个人喜好搭配饼干或蔬菜食用。

大蒜与鳀鱼风味的酱汁十分出色
令人食指大动

热酱煮
墨鱼芜菁

227 kcal

材料（一人份）
墨鱼…1/2 只
（体型较小的墨鱼用 1 整只）
芜菁（带叶）…1 个
大蒜…1/2 瓣
腌鳀鱼（盐渍发酵）…1 片
A │ 橄榄油…2 小匙
  │ 盐、胡椒…各少许
橄榄油…1/2 小匙

做法
1. 墨鱼去皮，切成圆片。将芜菁茎部留下 3cm，其余枝叶切下备用。球根部分去皮，切成月牙片，枝叶部分切成 5cm 长段。
2. 在小耐热碗中放入大蒜、1 大匙水，盖上保鲜膜，放入微波炉加热 1 分 20 秒。把水倒掉，趁热以叉子捣碎大蒜。
3. 鳀鱼切碎，放入耐热碗钟，加入 A 拌匀。
4. 在平底锅中倒入橄榄油，烧热，放入芜菁，以中火煎至表面变色。转大火，放入墨鱼和芜菁叶拌炒。
5. 墨鱼变色后盛入盘里，淋上鳀鱼。

表面煎得焦香
亦可卷起蔬菜享用

微炙
鲑鱼片

309 kcal

材料（一人份）
鲑鱼（生鱼片用的鱼片）…100g
盐、胡椒…各少许
橄榄油…1 小匙
莴苣…1 片
芝麻叶…1 株
罗勒酱…1½ 小匙

做法
1. 鲑鱼撒上盐与胡椒。
2. 在平底锅中倒入橄榄油，烧热，放入鲑鱼煎熟表面。取出后放在冰水里冰镇。用厨房纸巾吸干水分，切成适当厚度。
3. 莴苣撕成一口大小，芝麻叶切成 3cm 长。
4. 在盘里铺上莴苣和芝麻叶，再放上鲑鱼，最后淋上罗勒酱即大功告成。

材料（一人份）

综合豆…1 包（50g）

洋葱…1/4 个

西蓝花…40g

A ｜ 水…3/4 杯

　｜ 高汤块…1/4 块

B ｜ 牛奶…1/2 杯

　｜ 盐、胡椒…各少许

奶油…1 小匙

面粉…1/2 大匙

豆子鲜蔬巧达浓汤

做法

1. 洋葱切成 1cm 小丁，西蓝花分成小朵。在汤锅里放入奶油，加热融化后将洋葱炒软，倒入面粉。小心搅拌避免烧焦，加入 A 继续拌炒。

2. 放入综合豆，盖上锅盖。煮沸后转小火煮 7~8 分钟，不时搅拌。

3. 加入西蓝花，再煮 3 分钟。倒入 B，再次煮沸即完成。

222 kcal

分量满满的饱足汤品

这道口味温润的牛奶汤，
放了满满一碗综合豆类与新鲜蔬菜，
搭配面包食用很有饱腹感。

材料（一人份）

猪肉片…50g

白萝卜…100g

葱（含绿色部分）…1/4 根

高汤…1 杯

味噌…2 小匙

色拉油…1 小匙

三品猪肉味噌汤

做法

1. 较大的肉片先切成小片，白萝卜切成四分之一圆。葱绿的部分切成 1cm 长，葱白的部分切成葱花。

2. 在汤锅中倒入色拉油，烧热，放入猪肉与白萝卜拌炒。倒入高汤，盖上锅盖，煮沸后转小火再煮 10 分钟。放入葱绿的部分，加入味噌，再次煮沸即可离火。

3. 将汤盛入碗里，撒上葱白。

189 kcal

材料前前后后只有三样而已。
猪肉煮出的鲜味渗入白萝卜，
最适合配饭吃了。

材料（一人份）

白菜泡菜…50g

韭菜…20g

豆腐…1/4 块

A | 水…1 杯
　| 酒…1 小匙

B | 酱油…1 小匙
　| 盐、胡椒…各少许

芝麻油…1 小匙

做法

1. 白菜泡菜切块，韭菜切成 3cm 长段。
2. 在汤锅中倒入芝麻油烧热，放入白菜泡菜拌炒，倒入 A 煮到沸腾。放入豆腐并用汤勺挖开，倒入 B 调味，撒上韭菜再次煮沸即大功告成。

韩式泡菜豆腐汤

127
kcal

只要放入泡菜，
就能轻松调出辣味，
与豆腐搭配，
口味堪称一绝。
在寒冷的冬天里，
能由内而外温暖身体。

材料（一人份）

虾…2 只

洋葱…1/4 个

姜…5g

柠檬…1 片

A | 水…1 杯
　| 鸡骨汤粉…1/2 小匙
　| 红辣椒…1/2 个

B | 鱼露…1 小匙
　| 盐、胡椒…各少许

柠檬汁…1 小匙

做法

1. 虾去壳，剔除肠泥。洋葱切成粗丝，姜切成薄片。
2. 在汤锅中放入 A 与姜，加热煮到沸腾，放入虾与洋葱。
3. 再次煮沸后，转小火煮 5 分钟。倒入 B 调味，放入柠檬切片。将汤盛入碗里，淋上柠檬汁，依个人喜好添加香菜。

洋葱虾泰式酸辣汤

67
kcal

又辣又酸甜的汤汁充满柠檬香气，
放入大量口感甘甜的洋葱，
味道清爽，恰到好处。

莴苣海带芽味噌汤

无需使用菜刀
省下许多清洗步骤

24 kcal

材料（一人份）& 做法

1. 将 1/2 片莴苣撕成容易入口的大小。
2. 在碗中放入莴苣、1 小匙干海带芽、2 撮鲣鱼片、1/2 大匙的味噌，倒入 150ml 热水拌匀。

樱花虾葱花味噌汤

可细细品尝虾浓缩的
鲜味与香甜

25 kcal

材料（一人份）& 做法

1. 将 4cm 葱切成葱花。
2. 在碗中放入葱、1 撮樱花虾、1/2 大匙味噌，倒入 150ml 热水拌匀。

小番茄芽菜汤

可以品尝到
瞬间加热的蔬菜口感

18 kcal

材料（一人份）& 做法

1. 3 个小番茄对半切，捣碎 1/4 块高汤块。
2. 在碗中放入以上食材、1/4 包（15g）芽菜，倒入 150ml 热水，放入少许盐与胡椒调味。

梅干蘘荷汤

善用鲣鱼片轻松做高汤
梅肉的酸味令人惊艳

材料（一人份）& 做法

1. 将1个蘘荷切成薄片后，与1/2块梅肉、1撮鲣鱼片一起放在碗里，倒入150ml热水，再撒上少许盐调味，即可食用。

12 kcal

姜丝盐海带汤

辛辣的姜味
令人食指大动

材料（一人份）& 做法

1. 将5g姜切成丝。
2. 在碗中放入姜、1撮盐海带，倒入150ml热水，撒上少许盐调味即完成。

8 kcal

日本水菜薯蓣海带汤

柔软的薯蓣海带
可瞬间泡出美味高汤

材料（一人份）& 做法

1. 将6根日本水菜切成3cm长段。
2. 碗中放入日本水菜、1撮薯蓣海带，倒入150ml热水，淋上适量酱油调味。

9 kcal

适合一个人开伙的料理工具

一个人开伙的料理原则就是，使用小尺寸料理工具，煮出来的分量才会刚好。

仔细逛逛进口厨具用品店，绝对能发现顺手好用的料理工具。

1. 直径 14~16cm 的汤锅

刚好能放入一人份料理食材的小汤锅，无需担心太过拥挤煮破食材的问题。应选择锅盖可以盖紧的产品，避免汤汁蒸发。

2. 直径 20cm 的平底锅

小平底锅可以炒也可以炸，炒饭或煎鸡肉时建议使用大一号，亦即直径 24cm 的平底锅。

3. 直径 13~15cm 的调理碗

直径 13cm 的调理碗适合做凉拌菜或用来拌绞肉；如要做天妇罗的面衣，使用直径 15cm 的调理碗较适合。

4. 直径 15cm 的附把手网筛

这个尺寸的网筛最适合用来捞一人份面条。选择附把手的工具，连同网筛一起放入锅中，拿来烫青菜即可轻松沥干水分。

5. 迷你调理碗

迷你调理碗最适合调制一人份料理的调味料，或为食材裹上少量面粉。

第4章 一个人开伙也能够很健康

一个人吃饭很容易重复吃自己喜欢的食材与料理，
若每天去外面吃，这种情形会更严重。
如果你也注重美容与健康，
请务必每天选择不同食材与餐点。
本章介绍的料理全都有助于解决现代单身男女
最容易遇到的问题，例如：
“最近有点变胖”“精神老是不好”
“肌肤看起来很疲惫”“要注意胆固醇值”等。
请参考每道料理附注的“健康笔记”，
发挥巧思并善用资讯，为每天的菜色增添变化。
营养均衡的饮食、注重身体健康的三餐，
才能为你打好基础，过好成年之后的一个人的生活。

中式蒸豆腐

196 kcal

以低热量
且具有饱足感的豆腐为主食材、
辛辣的豆瓣酱汁风味独具

健康
笔记

豆腐含有大量
蛋白质且热量相当
低，又能增加料理
分量，最适合取代
肉类。豆苗富含食
物纤维，能有效改
善便秘。

材料（一人份）

豆腐…200g（1 小包）

葱…3cm

豆苗…1/2 包

薄姜片…1 片

榨菜（已调味）…10g

A 芝麻油…1/2 小匙
　醋…1 小匙
　酱油…2 小匙
　豆瓣酱…少许

做法

1. 豆腐切成四小块。葱、姜切成丝，豆苗
   依长度切成三等份。

2. 在耐热容器里铺上豆苗，放上豆腐，撒
   上葱与姜。盖上保鲜膜，放入微波炉加
   热 3 分钟。

3. 榨菜粗略切碎，与 A 拌匀。

4. 将热好的豆腐盛入碗里，淋上榨菜。

材料（一人份）

秋葵…4 根

盐…1/4 小匙

胡椒…少许

橄榄油…1 小匙

柠檬…1 片

做法

1. 鸡柳切成一半厚度，撒上盐与胡椒。秋葵去萼，撒上少许盐（额外分量）搓揉，用水洗净。

2. 取 1 片鸡柳斜向包覆 1 根秋葵。剩下的食材也以相同方式包起。

3. 在锅中倒入橄榄油烧热，将鸡柳的封口处朝下，一一放入锅中。开中火，一边转动一边煎，煎至表面稍微变色后，盖上锅盖。转小火，煎4~5 分钟。

4. 盛盘，放上柠檬。

鸡柳卷秋葵

144 kcal

以小分量的肉包裹新鲜蔬菜，
发挥巧思就能增加分量感。
秋葵可替换成自己喜欢的蔬菜。

健康
笔记

吃太快会让人在大脑饱食中枢受到刺激前，吃下过多食物。请务必养成每一口细嚼慢咽的饮食习惯。

97

菇类不仅热量低还富含食物纤维。
鳗鱼的特殊咸味变化出不同美味，
令人一口接一口。

健康
笔记

　　红辣椒内含的
辣椒素能有效燃烧
脂肪。减肥期间要
减少油脂摄取量，
但油分有助于改善
便秘，因此应适量
摄取。

材料（一人份）

杏鲍菇…2个
鸿喜菇
…1/2 包（100g）
鳗鱼…1 片
红辣椒…1/2 个
A ┃ 酱油
　┃ …1/2 小匙
　┃ 盐、胡椒
　┃ …各少许
橄榄油…1 小匙

做法

1. 切开杏鲍菇的菇柄与菇伞，菇柄切
成斜片，菇伞纵切成四等份。鸿喜
菇分成小朵，鳗鱼切碎，红辣椒切
成小圆片。

2. 在锅中倒入橄榄油，烧热，放入菇
类、红辣椒拌炒。炒匀后加入鳗鱼，
继续拌炒。起锅前放入 A 调味。

3. 盛盘，家中若有意大利巴西里，可
放上点缀。

什锦菇
辣炒鳗鱼

85
kcal

材料（一人份）

魔芋条…100g

牛肉片…50g

洋葱…30g

胡萝卜…30g

香菇…1 个

A┌ 酱油…2 小匙

 │ 砂糖…1 小匙

 └ 盐、胡椒…各少许

芝麻油…1 小匙

熟白芝麻…少许

做法

1. 以热水汆烫魔芋条，用网筛捞起，沥干水分。洋葱与胡萝卜切成细丝，香菇切成薄片，牛肉切成容易入口的大小。

2. 在平底锅中倒入芝麻油，烧热，放入牛肉拌炒。炒至肉变色后，放入洋葱、胡萝卜、香菇，继续拌炒。

3. 蔬菜炒软后，放入魔芋条一起炒。倒入A 稍微搅拌。

4. 盛盘，撒上芝麻即可享用。

魔芋条韩式杂菜

200 kcal

韩式杂菜虽然是快炒料理，
吃起来却很甘甜，颇受大众欢迎。
将冬粉换成热量更低的魔芋条，
不仅家易吃饱，吃起来也爽过

健康笔记

100g 魔芋条的热量只有 6kcal，还含有丰富的食物纤维，是最适合减肥期间吃的食材。吃起来也嚼劲十足，细嚼慢咽更有饱足感。

猪肉韭菜
韩式煎饼

523
kcal

猪肉和韭菜的组合能提高维生素 B₁ 的吸收率，
只要使用一个调理碗拌匀食材再煎熟即可，
做法相当简单。

健康
笔记

猪肉含丰富的
维生素 B₁，能有效
消除疲劳，搭配韭
菜中的大蒜素一起
食用，可提高维生
素 B₁ 的吸收率。

材料（一人份）

薄猪肉片…80g

韭菜…50g

鸡蛋…1 个

蒜末…少许

盐、胡椒…各少许

面粉…1/2 杯

色拉油、芝麻油…各 1 小匙

A │ 醋…1 小匙
  │ 酱油…1½ 小匙
  │ 红辣椒…1/4 根

做法

1. 猪肉切成一口大小，撒上盐与胡椒。韭菜切成 3cm 长段。

2. 将蛋打入调理碗中，打散后倒入面粉，搅拌至顺滑不结块为止。放入蒜、猪肉与韭菜，充分拌匀。

3. 在平底锅中倒入色拉油与芝麻油，烧热，倒入步骤 2 的面糊，形成一个圆形。转较小的中火，煎 4~5 分钟。翻面，以锅铲一边压实，一边煎 4~5 分钟。

4. 煎至表面酥脆，切成容易入口的大小，盛盘。拌匀 A 当佐料食用。

蒜香土豆汤

277 kcal

健康笔记

大蒜的香味成分大蒜素对消除疲劳很有帮助。将大蒜切成蒜末或磨成蒜泥食用，效果更好。

材料（一人份）

土豆…1 个

鸡蛋…1 个

大蒜…1 瓣

A ｜ 芝士粉…1 小匙
　｜ 胡椒…少许

橄榄油…2 小匙

B ｜ 水…1 杯
　｜ 高汤块…1/4 块

盐、胡椒…各少许

做法

1. 土豆切成一口大小，泡水后沥干。大蒜切成末。

2. 将蛋打入调理碗中，打散后撒入 A，拌匀备用。

3. 在汤锅中倒入橄榄油，放入大蒜，以小火爆香。放入土豆，转中火拌炒，加入 B，盖上锅盖。煮沸后转小火，炖 15 分钟。

4. 关火，粗略捣碎土豆，再次开火加热。煮沸后，以绕圈方式淋上蛋液，迅速拌匀，最后撒上盐与胡椒调味。

使用一瓣大蒜煮成汤，
十足的大蒜香气令人舒畅。
加入蛋汁一起熬煮，
完成一道带有含羞草黄色调的温暖汤品。

材料（一人份）

鸡翅…3 只	水…2 杯
姜…5g	盐…1/4 小匙
葱白…1/4 根	芝麻油…1/2 小匙
米…2 大匙	葱绿切成的葱花
大蒜…1/4 瓣	（泡水）…少许
酒…1 大匙	熟黑芝麻…少许

做法

1. 鸡翅洗净。姜切成薄片，葱白切成 2cm 长。米洗净，用网筛捞起沥干。

2. 在汤锅中倒入鸡翅、姜、葱、米、大蒜、酒与 2 杯水，盖上锅盖，开火加热。煮沸后转小火，熬 20 分钟。

3. 撒上盐与芝麻油拌匀，放上绿色葱花与黑芝麻。

永葆青春的
美肌小菜

韩式
参鸡翅汤

301
kcal

以家中现有的食材，
熬煮最受欢迎的胶原蛋白锅。
使用鸡翅即可轻松烹煮
美味的一人份火锅。

健康
笔记

带骨肉是胶原蛋白的宝库。熬煮愈久，胶原蛋白就愈能释入汤中。富含维生素 A，能恢复肌肤弹力与光泽，可说是最极致的美肌锅品。

酪梨是女性食谱中
不可或缺的人气食材，
添加大量的沙拉酱汁，
既口感清爽又能清洁肠道。

健康
笔记

水果富含的维
生素C是美肌不可
或缺的成分，也可
清洁肠道。食用富
含食物纤维的酪梨，
能让你更加舒畅。

酪梨葡萄柚
鲜蔬沙拉

材料（一人份）

酪梨…1/2 个

葡萄柚…1/4 个

莴苣…1 片

A　　原味酸奶
　　　…4 大匙

　　　柠檬汁…2 小匙

　　　蜂蜜…1 小匙

　　　盐…少许

烤杏仁…5 粒

做法

1. 酪梨去籽去皮，切成一口大小。
   葡萄柚剥除薄皮，剥成一片片
   后去籽，切成容易入口的大小。
   莴苣撕成一口大小。

2. 拌匀 A，做成酱汁。

3. 将酪梨、葡萄柚、莴苣放入盘
   里，淋上酱汁，撒上切碎的杏
   仁即完成。

298
kvcal

小松菜富含钙质，
搭配小沙丁鱼，
再用橄榄油炒过，
完成一道美味的日式意大利风味料理。

橄榄油炒
小沙丁鱼干小松菜

健康
笔记

小松菜与小
沙丁鱼干都富含骨
骼的成分钙质，以
及强健骨骼的维生
素D。组合两种含
有相同营养素的食
材，发挥加乘效果。

材料（一人份）
小松菜…100g
小沙丁鱼干…2 大匙
大蒜…1/4 瓣
盐…1/6 小匙
胡椒…少许
橄榄油…1/2 大匙

做法
1. 小松菜切成 4~5cm 长，大蒜切成
   末。
2. 平底锅中倒入橄榄油、大蒜，以
   小火爆香，放入小沙丁鱼干迅速
   炒过。
3. 食材炒匀后，放入小松菜一起炒，
   最后撒上盐与胡椒调味，盛盘。
   拌匀 A 当佐料食用。

84
kcal

健康笔记

沙丁鱼含大量钙质、维生素D、镁等形成骨骼时不可或缺的维生素与矿物质。连鱼骨一起食用，更有助于补充钙质。

芝士烤沙丁鱼佐番茄

294 kcal

材料（一人份）

沙丁鱼…1 大条
番茄…1/2 个
披萨用芝士…30g
罗勒叶…2 片
盐…1/6 小匙
胡椒…少许
橄榄油…1 小匙

做法

1. 沙丁鱼刮除鳞片，切掉头部，清除内脏，用水充分洗净。以厨房纸巾吸干水分，横切成四等份，撒上盐与胡椒。

2. 番茄切成 1cm 块状，罗勒叶撕成适当大小。

3. 以厨房纸巾再次吸干沙丁鱼表面的水分，放入耐热容器里。撒上番茄和罗勒叶，淋上橄榄油。

4. 放入烤箱烤 10 分钟，取出并均匀撒上芝士。再放回烤箱烤 5 分钟，直到表面烤出金黄色为止。

沙丁鱼横切成鱼块，
方便腌渍处理。
回家后只要 20 分钟，
就能立刻吃到热腾腾的美味。

山椒盐炒干贝与
西蓝花

这道中式炒菜口味清淡，
盐分适量充分突显干贝鲜味，
加入辛辣的山椒粉，
让整道菜的滋味层次更加丰富。

168
kcal

健康
笔记

章鱼、墨鱼与
贝类富含牛磺酸，
有助于降低胆固
醇。西蓝花具有高
度抗氧化力，能使
血液保持清澈。

材料（一人份）

干贝…80g

西蓝花…60g

葱…1/4 根

A｜盐…1/6 小匙
　｜山椒粉…少许

盐、胡椒…各少许

酒…2 大匙

芝麻油…1/2 大匙

做法

1. 干贝横切成一半厚度，撒上盐与胡椒。

2. 西蓝花分成小朵，用保鲜膜包起，放入
微波炉加热 30 秒。葱斜切成 2cm 长。

3. 在平底锅中倒入芝麻油，烧热，放入西
蓝花和葱拌炒。加入干贝一起炒，倒入
酒与 A 调味，迅速炒匀。

青背鱼的鱼油含大量 EPA 与 DHA，有助于降低胆固醇。建议吃生鱼片或以蒸煮方式烹调，才能摄取完整油脂。

意式水煮竹夹鱼

材料（一人份）

竹夹鱼…1 条
小番茄…6 个
大蒜…1/2 瓣
白酒…2 大匙
水…1/4 杯

A ｜ 盐、胡椒
　　…各少许
　　月桂叶…1/2 片

盐…1/2 小匙
胡椒…少许
橄榄油…1/4 大匙

做法

1. 竹夹鱼刮除黄鳞，切开腹部清除内脏，用水充分洗净。以厨房纸巾吸干水分，撒上盐与胡椒腌 5 分钟。待表面出水后，再用厨房纸巾吸干。

2. 在直径 24cm 的平底锅中倒入橄榄油，放入大蒜，以小火爆香。转大火，放入竹夹鱼，双面煎至金黄色为止。

3. 倒入白酒煮到沸腾，放入小番茄、1/4 杯水、A，盖上锅盖熬煮。再次沸腾后转小火，煮 10 分钟。

4. 盛盘，家中若有意大利巴西里，可放上点缀。

217
kcal

可以吃到一整条青背鱼。
营养素与鲜味释出到汤汁里，
汤也要全部喝光光。

一个人开伙的一周菜单

为各位介绍可以轻松烹煮的一周菜单，配合每天的身体状态与工作状况，搭配出健康套餐。

【春夏菜单】

 第1天 使用各色蔬菜
补充满满活力 **700kcal**

胡萝卜
沙拉
▶ P75

小番茄
芽菜汤
▶ P92

奶油培根酱
炒卷心菜鸡肉
▶ P43

白饭

 第2天 口味浓郁的鱼料理
搭配清爽滋味的蔬菜 **477kcal**

照烧
煎鲑鱼
▶ P17

番茄佐姜丝
橙醋酱油
▶ P78

莴苣海带芽
味噌汤
▶ P92

白饭

 第3天 口味浓郁的鱼料理
搭配清爽滋味的蔬菜 **443kcal**

豆子鲜蔬
巧达浓汤
▶ P90

鳗鱼
炒芦笋
▶ P77

面包

 459kcal

第4天 午餐吃太多，晚餐就少吃
平衡一整天的进食量

中式
蒸豆腐
▶ P96

辣椒粉
腌卷心菜
▶ P75

梅干
蘘荷汤
▶ P93

白饭

 第5天 添加大量夏季蔬菜的
笔管面与沙拉，饱腹感十足 **544kcal**

意大利杂菜汤
笔管面
▶ P84

荷包蛋
恺撒沙拉
▶ P28

 第6天 使用大量豆腐的主餐
让身心都感到放松 **622kcal**

辣油
拌小黄瓜
▶ P74

鳕鱼子
炒金针菇
▶ P77

豆腐汉堡排
佐鲜番茄酱汁
▶ P27

白饭

 第7天 辣泡菜搭配大量蔬菜
储备明天的活力 **829kcal**

豆芽菜
泡菜炒饭
▶ P80

小黄瓜
凉拌棒棒鸡
▶ P49

樱花虾
葱花味噌汤
▶ P92

第 4 天 麻婆的辣味与清爽的
梅干凉拌菜十分协调

423kcal

白饭

小番茄
麻婆豆腐
▶ P15

腌梅干
拌西蓝花
▶ P74

姜丝
盐海带汤
▶ P93

【秋冬菜单】

第 1 天 大量蔬菜与泡菜
瞬间提升新陈代谢

498kcal

韩式
三色拌饭
▶ P15

韩式泡菜
豆腐汤
▶ P91

奶油酱油
拌南瓜
▶ P75

第 5 天 忙碌的日子就用烤箱
轻松完成美味晚餐

484kcal

简易版
法式咸派
▶ P29

蜂蜜柠檬
腌鲜蔬
▶ P78

第 2 天 以事先做好的炖鹿尾菜
为主角的省时套餐

693kcal

白饭

鹿尾菜
豆腐煎饼
▶ P64

大蒜
炒豆苗
▶ P76

三品猪肉
味噌汤
▶ P90

第 6 天 今晚就吃小酒馆的下酒菜
悠闲地在家喝酒

695kcal

白酒

豆腐
腌鳕鱼子
▶ P87

芝士炒
菠菜
▶ P76

微炙
鲑鱼片
▶ P87

第 3 天 食材满满的炖菜
由内而外温暖身体

683kcal

面包

橄榄油
炒小沙丁鱼干
小松菜
▶ P104

香料炖土豆、
小番茄与
维也纳香肠
▶ P33

第 7 天 周末就来挑战油炸料理
刚炸好的食物最好吃

631kcal

白饭

炸鸡块
▶ P63

凉拌
小松菜
▶ P77

日本水菜
薯蓣海带汤
▶ P93

图书在版编目（CIP）数据

一个人的幸福食光 /（日）岩崎启子著 ; 游韵馨译 . --
青岛 : 青岛出版社 , 2016.12
ISBN 978-7-5552-4898-9

Ⅰ . ①一… Ⅱ . ①岩… ②游… Ⅲ . ①食谱 Ⅳ .
① TS972.12

中国版本图书馆 CIP 数据核字 (2016) 第 283475 号

山东省版权局著作权合同登记 图字：15-2016-154号

书　　名	一个人的幸福食光
著　　者	（日）岩崎启子
译　　者	游韵馨
出版发行	青岛出版社
社　　址	青岛市海尔路 182 号（266061）
本社网址	http://www.qdpub.com
邮购电话	13335059110　0532-85814750（传真）0532- 68068026
责任编辑	杨成舜
特约编辑	刘　冰
封面设计	祝玉华
内文设计	刘　欣　林文静　时　潇
印　　刷	青岛嘉宝印刷包装有限公司
出版日期	2017 年 1 月第 1 版　2017 年 6 月 第 2 次印刷
开　　本	16 开（787mm×1092mm）
印　　张	7
字　　数	30 千
印　　数	5001 - 8000
书　　号	ISBN 978-7-5552-4898-9
定　　价	39.00 元

编校印装质量、盗版监督服务电话　4006532017　0532-68068638
建议陈列类别：美食